全国高等中医药院校教材配套用书

生物化学
易考易错题
精析与避错

主编 冯伟科

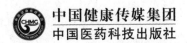
中国健康传媒集团
中国医药科技出版社

内容提要

本书为全国高等中医药院校教材配套用书，以全国高等中医药院校规划教材和教学大纲为基础，由长年从事一线中医教学工作且具有丰富教学及命题经验的专家教授编写而成，书中将本学科考试中的重点、难点进行归纳总结，并附大量常见试题，每题均附有正确答案、易错答案及答案分析，将本学科知识点及易错之处加以解析，对学生重点掌握理论知识及应试技巧具有较强的指导作用。本书适合高等中医药院校本科学生阅读使用。

图书在版编目（CIP）数据

生物化学易考易错题精析与避错 / 冯伟科主编 .—北京：中国医药科技出版社，2019.5

全国高等中医药院校教材配套用书

ISBN 978-7-5214-1023-5

Ⅰ.①生… Ⅱ.①冯… Ⅲ.①生物化学—中医学院–教学参考资料 Ⅳ.① Q5

中国版本图书馆 CIP 数据核字（2019）第 044316 号

美术编辑 陈君杞

版式设计 大隐设计

出版	中国健康传媒集团 | 中国医药科技出版社
地址	北京市海淀区文慧园北路甲 22 号
邮编	100082
电话	发行：010-62227427　邮购：010-62236938
网址	www.cmstp.com
规格	889×1194mm $\frac{1}{16}$
印张	8
字数	152 千字
版次	2019 年 5 月第 1 版
印次	2021 年 3 月第 2 次印刷
印刷	三河市航远印刷有限公司
经销	全国各地新华书店
书号	ISBN 978-7-5214-1023-5
定价	28.00 元

版权所有　盗版必究

举报电话：010-62228771

本社图书如存在印装质量问题请与本社联系调换

获取新书信息、投稿、为图书纠错，请扫码联系我们。

编委会

主　编

冯伟科

副主编

王　晶

编　委（按姓氏笔画排序）

刘伟东　许　艳

编写说明

《生物化学易考易错题精析与避错》以全国中医药行业高等教育"十三五"规划教材《生物化学》为蓝本，将教材中的重点、难点内容进行精简提炼，帮助学生系统掌握复习课程的重点内容。其中，重点、难点及例题的覆盖范围与教学大纲及教材内容一致。全书编写顺序与教材章节顺序一致，方便学生同步学习。

本书的主要特点在于常见错误的解析和易错点的预测，使学生在短时间内既能对已学知识进行复习回顾，又能熟悉题目、掌握考点，同时还可以对自己学习的薄弱环节进行强化记忆和练习。书中覆盖了教材的全部知识点，题型多样，题量丰富，对需要掌握、熟悉的内容予以强化。重点、难点部分力求全面而精炼，并有所侧重；在答案分析部分，力求简单明了概括知识点的学习方法和相关解题技巧，帮助学生在复习、练习的过程中及时发现自身知识的不足之处，并理清学习和解题的思路，提示学生针对易错点进行分析、辨别，尽可能减少学生在考试中所犯的错误，从而提高学生对知识的应用能力及应试能力。

本书适合于中医学专业或者相关专业医学生在校学习、备考之用，也是初入临床的实习医生、住院医生参加执业医师考试的复习用书。

编者

2018 年 6 月

目 录

第一章　蛋白质的结构与功能……… 1

第二章　核酸结构与功能……………… 10

第三章　维生素与微量元素……………… 21

第四章　酶……………………………… 27

第五章　生物氧化……………………… 38

第六章　糖代谢………………………… 47

第七章　脂类代谢……………………… 58

第八章　氨基酸代谢……………………… 69

第九章　核苷酸代谢……………………… 79

第十章　DNA 的生物合成 ………… 86

第十一章　RNA 的生物合成 ……… 96

第十二章　蛋白质的生物合成…… 104

第十三章　肝胆生物化学………… 112

第一章 蛋白质的结构与功能

◎ 重点 ◎

1. 蛋白质的转换系数
2. 氨基酸的结构、分类、理化性质
3. 蛋白质的分子结构
4. 蛋白质的理化性质

◎ 难点 ◎

1. 氨基酸、蛋白质两性电离与等电点的特性
2. 沉淀蛋白质的原理

常见试题

(一) 单选题

1. 测得某生物样品含氮量为50克,则该样品蛋白质含量应是多少克( )
A. 6.25　　　B. 312.5　　　C. 125　　　D. 62.5　　　E. 31.25
【正确答案】B　　　　　　　　【易错答案】E
【答案分析】本题所考查的知识点是蛋白质的转换系数6.25,属于记忆性内容。各种蛋白质的含氮量很接近,约占16%,氮元素是蛋白质的特征元素。由此得到蛋白质的转换系数为6.25,通过测定生物样品中的含氮量,乘以6.25可以推算出生物样品中蛋白质的大致含量。本题正确答案是B,要注意避免计算错误,不要误选E。

2. 下列氨基酸中含有苯环的必需氨基酸是( )
A. 天冬氨酸　　B. 组氨酸　　C. 酪氨酸　　D. 赖氨酸　　E. 苯丙氨酸
【正确答案】E　　　　　　　　【易错答案】C
【答案分析】本题考查的知识点是氨基酸结构的特点及分类。氨基酸按R基团的结构可以分为脂肪族氨基酸、芳香族氨基酸、杂环氨基酸。芳香族氨基酸的结构特点是R基中含有苯环的结构,在备选项中具有该特点的包括C和E,再结合氨基酸的另一种分类原则,即根据人体对氨基酸的需求程度分为必需氨基酸和非必需氨基酸,必需氨基酸一共有8种,在C和E中E

属于必需氨基酸，C 属于非必需氨基酸，所以正确答案是 E。

3. 属于亚氨基酸的是（ ）

   A. 组氨酸　　　B. 脯氨酸　　　C. 精氨酸　　　D. 色氨酸　　　E. 甘氨酸

   【正确答案】B　　　　　　　　【易错答案】A

   【答案分析】本题考查的知识点是氨基酸的结构特点。脯氨酸的结构中 α 碳原子上连接的是亚氨基，不是氨基，属于亚氨基酸。组氨酸的 R 基是一个杂环结构，属于杂环氨基酸。

4. 下列哪种为碱性氨基酸（ ）

   A. 谷氨酸　　　B. 色氨酸　　　C. 赖氨酸　　　D. 丙氨酸　　　E. 脯氨酸

   【正确答案】C　　　　　　　　【易错答案】E

   【答案分析】本题考查的知识点是氨基酸的结构特点。根据氨基酸 R 基中含有的酸性、碱性基团情况，氨基酸分为中性氨基酸、酸性氨基酸、碱性氨基酸三类。R 基中不含酸、碱性基团的称为中性氨基酸，R 基中含有酸性基团的称为酸性氨基酸，如谷氨酸、天冬氨酸；R 基中含有碱性基团的称为碱性氨基酸，如精氨酸、赖氨酸、组氨酸。所以本题的正确答案是 C。脯氨酸的特点是结构中含有亚氨基，属于亚氨基酸。

5. 有一混合蛋白质溶液，各种蛋白质的 pH 值分别是 4.6、5.1、5.3、6.7、7.3。电泳时欲使其中 4 种泳向正极，缓冲液的 pH 值应该是（ ）

   A. 4.0　　　B. 5.0　　　C. 6.0　　　D. 7.0　　　E. 8.0

   【正确答案】D　　　　　　　　【易错答案】B

   【答案分析】本题考查的知识点是蛋白质两性电离的特性与电泳。在 pH 值小于蛋白质等电点的环境中蛋白质带正电，在 pH 值大于蛋白质等电点的环境中蛋白质带负电。电泳是分离带电颗粒常用的操作技术，在电泳过程中，带电颗粒会向着与自身所带电荷相反的电极泳动。电泳时欲使其中 4 种泳向正极，即要使四种蛋白质带负电，缓冲液的 pH 值要大于其中四种蛋白质的等电点，选出正确答案是 D。不要误选 B 选项，pH 值 5.0 的缓冲液中，四种蛋白质带正电，即四种泳向负极。

6. 下列哪种氨基酸为酸性氨基酸（ ）

   A. 半胱氨酸　　B. 精氨酸　　　C. 组氨酸　　　D. 天冬氨酸　　E. 丝氨酸

   【正确答案】D　　　　　　　　【易错答案】E

   【答案分析】本题考查的知识点是氨基酸的结构特点。根据氨基酸 R 基中含有的酸性、碱性基团情况，氨基酸分为中性氨基酸、酸性氨基酸、碱性氨基酸三类。R 基中不含酸、碱性基团的称为中性氨基酸，R 基中含有酸性基团的称为酸性氨基酸，如谷氨酸、天冬氨酸；R 基中含有碱性基团的称为碱性氨基酸，如精氨酸、赖氨酸、组氨酸。所以本题的正确答案是 D。丝氨酸的 R 基中含有的特征基团是羟基，丝氨酸属于中性氨基酸。

7. 组成蛋白质的基本单位大都是（　　）

A. L-α-氨基酸　　　　　B. D-α-氨基酸　　　　　C. L-β-氨基酸

D. D-β-氨基酸　　　　　E. L-γ-氨基酸

【正确答案】A　　　　　【易错答案】B

【答案分析】本题考查的知识点是氨基酸的结构通式。组成人体的20种标准氨基酸可以用一个结构通式来表达，通过这个结构通式可以告诉我们3个问题：

（1）20种标准氨基酸结构各不相同，不同点是通过这个通式中R基的不同去区分的。

（2）20种标准氨基酸除去甘氨酸，剩下的19种氨基酸结构中的这个碳原子所连的4部分结构各不相同，这个碳原子，我们称为手性碳原子，又称为不对称碳原子，凡是含手性碳原子的结构在空间存在时都会有两种不同的立体构型，称为旋光异构体，一种是L型左旋体（允许左旋的偏振光通过），一种是D型右旋体（允许右旋的偏振光通过）。在书写时把手性碳原子上的氨基写在手性碳原子的左边，表示左旋体，把氨基写在手性碳原子的右侧则用来表示右旋体。19种标准氨基酸都是L型左旋体。

（3）根据有机酸中碳原子的编号原则，中间的这个碳原子是α碳，所以20种标准氨基酸又称为 α-氨基酸。

综合以上氨基酸结构通式的特点，选出正确答案A。

8. 氨基酸的等电点是指（　　）

A. 溶液pH值7.0

B. 氨基酸羧基和氨基均质子化时的溶液pH值

C. 氨基酸水溶液本身的pH值

D. 氨基酸净电荷等于零时的溶液pH值

E. 氨基酸的可解离基团均呈解离状态时的溶液pH值

【正确答案】D　　　　　【易错答案】C

【答案分析】本题考查的知识点是氨基酸等电点的概念。氨基酸的等电点是指某一pH值溶液中，氨基酸解离成阳离子和阴离子的趋势和程度相等，净电荷为零，此时溶液的pH值称为该氨基酸的等电点。所以正确答案是D，不要误以为等电点是氨基酸水溶液本身的pH值。

9. 与茚三酮反应显示蓝紫色是因为（　　）

A. 脯氨酸的亚氨基　　　B. 谷氨酸的羧基　　　　C. 半胱氨酸的氨基

D. 丝氨酸的羟基　　　　E. 苯丙氨酸的苯环

【正确答案】C　　　　　【易错答案】A

【答案分析】本题考查的知识点是氨基酸茚三酮的显色反应。氨基酸由于结构中氨基的存在，遇到茚三酮时生成蓝紫色复合物。所以正确答案是C。脯氨酸的结构中含有的是亚氨基，与茚三酮反应出现黄色沉淀，不会显示蓝紫色。类似这样的显色反应，重点记两个知识点，一是这个显色反应是检验什么基团的，二是显示的颜色。

10. 在 280 nm 处有最大吸收的必需氨基酸是（ ）
   A. 组氨酸   B. 酪氨酸   C. 苯丙氨酸   D. 色氨酸   E. 脯氨酸
   【正确答案】D   【易错答案】B
   【答案分析】本题考查的知识点是氨基酸的紫外吸收特性。酪氨酸、苯丙氨酸、色氨酸这三种芳香族氨基酸因含有苯环，具有共轭双键，可以吸收紫外光。其中，苯丙氨酸的吸收峰值为 260 nm，酪氨酸、色氨酸的紫外吸收峰值为 280 nm。结合酪氨酸属于非必需氨基酸，色氨酸属于必需氨基酸的知识点，本题正确答案为 D。

11. 蛋白质的一级结构是指（ ）
   A. 蛋白质所含氨基酸的数目
   B. 蛋白质中氨基酸残基的排列顺序
   C. 蛋白质分子中多肽链的折叠盘曲
   D. 包括 A，B 和 C
   E. 以上都不对
   【正确答案】B   【易错答案】A
   【答案分析】本题考查的知识点是蛋白质一级结构的定义。蛋白质的一级结构是指蛋白质分子中氨基酸残基的排列顺序。本题属于记忆性知识点，比较简单。

12. 维持蛋白质二级结构的主要化学键（ ）
   A. 肽键   B. 氢键   C. 二硫键   D. 盐键   E. 疏水键
   【正确答案】B   【易错答案】D、E
   【答案分析】本题考查的知识点是维持蛋白质二级结构这一空间结构的稳定因素。蛋白质的二级结构属于蛋白质的空间结构，是指多肽链中主链原子的局部空间构象，氢键、盐键、疏水键都用于维持蛋白质的空间结构，但维持蛋白质二级结构稳定的主要因素是氢键。

13. 蛋白质二级结构的主要形式是（ ）
   A. α-螺旋   B. β-转角   C. 双螺旋结构   D. 无规卷曲   E. 模体
   【正确答案】A   【易错答案】B
   【答案分析】本题考查的知识点是蛋白质的二级结构的形式。蛋白质的二级结构包括 α-螺旋、β-折叠（又称 β-片层）、β-转角、无规卷曲、模体等形式，其中主要形式是 α-螺旋、β-折叠（又称 β-片层），故选择正确答案 A，不要误选选项 B 的 β-转角。

14. 在具有四级结构的蛋白质分子中，每个具有三级结构的多肽链是（ ）
   A. 辅基   B. 辅酶   C. 亚基   D. 寡聚体   E. 肽单位
   【正确答案】C   【易错答案】E
   【答案分析】蛋白质的四级结构是指两条或两条以上的具有独立三级结构的多肽链通过非共价键相连接形成的聚合体结构，具备了蛋白质的四级结构。其中每一条具有独立三级结构的多肽链称为亚基。属于记忆性知识点。

15. 蛋白质的四级结构（　　）

A. 一定有多个相同的亚基

B. 一定有多个不同的亚基

C. 一定有种类相同而数目不同的亚基数

D. 一定有种类不同而数目相同的亚基数

E. 亚基的种类、数目都不定

【正确答案】E　　　　　　【易错答案】B

【答案分析】蛋白质四级结构中的亚基种类、数目都不定。如具有蛋白质的四级结构的血红蛋白，是一个四聚体，一共含有四个亚基，这四个亚基中两个是相同的α亚基、两个是相同的β亚基。

16. 蛋白质分子构象中通常不包括哪种结构（　　）

A. α-螺旋　　　B. β-折叠　　　C. γ-转角　　　D. 三级结构　　　E. 四级结构

【正确答案】C　　　　　　【易错答案】D、E

【答案分析】本题考查的知识点是蛋白质的空间结构，即蛋白质分子的构象。蛋白质的空间结构包括蛋白质的二级、三级、四级结构，二级结构中包括α-螺旋、β-折叠、β-转角、无规卷曲等形式，但不存在γ-转角这一形式。

17. 在蛋白质分子中能生成二硫键的氨基酸残基是（　　）

A. 甲硫氨酸残基　　　B. 天冬氨酸残基　　　C. 脯氨酸残基

D. 半胱氨酸残基　　　E. 缬氨酸残基

【正确答案】D　　　　　　【易错答案】A

【答案分析】本题考查的知识点是氨基酸结构的特点。能生成二硫键，结构中必需含有巯基，在备选选项中含有巯基的氨基酸只有半胱氨酸，故选D，不要误选A，因为甲硫氨酸中含有的硫元素，以甲硫基的形式出现，不会形成二硫键。

18. 下列各组氨基酸中都含有羟基的是（　　）

A. 谷氨酸、天冬氨酸　　　B. 丝氨酸、酪氨酸　　　C. 苯丙氨酸、酪氨酸

D. 半胱氨酸、甲硫氨酸　　　E. 丝氨酸、甘氨酸

【正确答案】B　　　　　　【易错答案】C

【答案分析】本题考查的知识点是氨基酸结构的特点。含有特征基团羟基的氨基酸包括丝氨酸、酪氨酸。谷氨酸、天冬氨酸结构中的特征基团是羧基，苯丙氨酸结构中的特征基团是苯环，半胱氨酸结构中的特征基团是巯基，甲硫氨酸结构中的特征基团是甲硫基，甘氨酸结构中R基是氢。

19. 盐析法沉淀蛋白质的原理是（　　）

A. 与蛋白质结合成不溶性蛋白盐　　　　　　B. 中和电荷，破坏水化膜

C. 只破坏蛋白质的水化膜　　　　　　D. 调节蛋白质溶液的等电点

E. 使蛋白质变性

【正确答案】B 　　　　　　　　　　【易错答案】E

【答案分析】本题考查的知识点是沉淀蛋白质的方法——盐析。盐析是向蛋白质溶液中加入中性盐，使蛋白质沉淀析出的过程。蛋白质溶液是一种稳定的亲水胶体溶液，蛋白质外围的水化膜和所带的同种电荷是维持蛋白质稳定存在的两个因素。向蛋白质溶液中加入中性盐后，中性盐的亲水性更强，就会争夺蛋白质外围的水化膜，同时，中性盐所带的离子成分又可以中和蛋白质所带的电荷，两个稳定因素被破坏，蛋白质从溶液中沉淀析出。盐析沉淀蛋白质不会引起蛋白质变性。不要误选E。

20. 能使蛋白质沉淀但不引起蛋白质变性的因素是（　　）
    A. 硫酸铵　　B. 有机溶剂　　C. 透析　　D. 重金属盐　　E. 加热

【正确答案】A 　　　　　　　　　　【易错答案】C

【答案分析】本题考查的知识点是盐析沉淀蛋白质这种方法的特点。硫酸铵是盐析沉淀蛋白质时常用的中性盐。盐析沉淀蛋白质不会引起蛋白质的变性，所以硫酸铵沉淀蛋白不会引起蛋白质的变性，选择A选项。透析操作也不会引起蛋白质的变性，但这是一种纯化蛋白质的方法。

21. 变性蛋白质（　　）
    A. 紫外吸收作用减弱　　　　B. 黏度减小　　　　C. 分子不对称性减小
    D. 抗蛋白水解酶作用增强　　E. 溶解度下降

【正确答案】E 　　　　　　　　　　【易错答案】D

【答案分析】本题考查的知识点是变性蛋白质理化性质的改变。某些理化因素作用，蛋白质的空间结构被破坏，引起蛋白质理化性质改变，生物学活性丧失，称为蛋白质的变性。变性后的蛋白质主要改变的理化性质包括：紫外吸收增强、黏度即分子的不对称性增强、易被蛋白酶所水解、溶解度下降。故选E。D选项审题时不要漏掉"抗"字。

22. 蛋白质具有双缩脲反应显示紫色是由于（　　）
    A. 蛋白质组成中苯丙氨酸的苯环　　B. 蛋白质组成中脯氨酸的亚氨基
    C. 蛋白质组成中甘氨酸的氨基　　　D. 蛋白质结构中的氢键
    E. 蛋白质结构中的肽键

【正确答案】E 　　　　　　　　　　【易错答案】D

【答案分析】本题考查的知识点是蛋白质的显色反应——双缩脲反应。双缩脲反应是指含两个或两个以上肽键的化合物在碱性环境中与硫酸铜显示紫色。双缩脲反应检验的是结构中的肽键，所以正确答案是E。

23. 将丙氨酸溶于pH为3.0的缓冲液中进行电泳，它的行为是：（丙氨酸的等电点为6.0）（　　）
    A. 在原点不动　　　　　　　　　　　　　　　　B. 向负极移动
    C. 一会移向负极，一会移向正极　　　　　　　　D. 向正极移动
    E. 都呈负电性

【正确答案】B　　　　　　　　　　【易错答案】D

【答案分析】本题考查的知识点是氨基酸两性电离的特性与电泳。在pH值小于氨基酸等电点的环境中氨基酸带正电，电泳是分离带电颗粒常用的操作技术，在电泳过程中，带电颗粒会向着与自身所带电荷相反的电极泳动。在判断出氨基酸带正电后，在电泳过程中，带正电的氨基酸必然向负极移动。正确答案是B。不要判断出氨基酸带正电后就盲目地选择D选项。

（二）多选题

1. 蛋白质胶体溶液的稳定因素是（　　）

   A. 蛋白质属于大分子　　　B. 蛋白质分子表面有水化膜　　　C. 蛋白质溶液黏度大
   D. 蛋白质分子有同性电荷　　E. 分子不对称性减少

   【正确答案】BD　　　　　　　　　【易错答案】A

   【答案分析】蛋白质溶液是一种稳定的亲水胶体溶液。两个稳定因素：分子表面的水化膜；分子带有的同种电荷。故选择B、D。蛋白质属于大分子物质不是稳定存在的因素。

2. 蛋白质变性是因为（　　）

   A. 氢键被破坏　　　　　　B. 肽键断裂　　　　　　　　C. 亚基解聚
   D. 水化膜被破坏和电荷被中和　　　　　　　　　　　　E. 二硫键断裂

   【正确答案】ACE　　　　　　　　【易错答案】漏选C

   【答案分析】本题考查的知识点是蛋白质的变性。某些理化因素作用，蛋白质的空间结构被破坏，引起蛋白质理化性质改变，生物学活性丧失，称为蛋白质的变性。蛋白质变性过程中主要是维持空间结构稳定的氢键、盐键、疏水键等非共价键发生断裂引起蛋白质空间结构的破坏，维持一级结构稳定的肽键并不发生断裂。本题的正确答案是A、C、E，容易漏选C。C选项中亚基解聚实际上是连接亚基的非共价键的断裂。

3. 变性蛋白质的特性有（　　）

   A. 溶解度显著下降　　　　B. 生物学活性丧失　　　　　C. 易被蛋白酶水解
   D. 黏度降低　　　　　　　E. 紫外吸收增强

   【正确答案】ABCE　　　　　　　【易错答案】D

   【答案分析】本题考查的知识点是变性蛋白质理化性质的改变。某些理化因素作用，蛋白质的空间结构被破坏，引起蛋白质理化性质改变，生物学活性丧失，称为蛋白质的变性。变性后的蛋白质主要改变的理化性质包括：紫外吸收增强、黏度即分子的不对称性增强、易被蛋白酶所水解、溶解度下降。正确答案是A、B、C、E。不包含D选项，变性蛋白的黏度增加而不是下降。

4. 在生理pH值时，带有正电荷的氨基酸包括有（　　）

   A. 谷氨酸　　　　　　　　B. 精氨酸　　　　　　　　　C. 天冬氨酸
   D. 赖氨酸　　　　　　　　E. 甘氨酸

   【正确答案】BD　　　　　　　　【易错答案】A、C

【答案分析】本题考查的知识点是氨基酸两性电离和等电点的特性。20种标准氨基酸中所有中性氨基酸的等电点在6.0左右，酸性氨基酸的等电点偏酸，碱性氨基酸的等电点偏碱。在生理pH值即pH值为7.35～7.45时，凡是等电点大于这一数值的氨基酸，就会带正电。按此判断正确答案是B和D这两种等电点较大的碱性氨基酸。

5. 下列关于谷胱甘肽结构的叙述，哪些是正确的（　　）

　　A. 有一个游离的α-氨基

　　B. 有一个与通常肽键不同的由γ-羧基组成的肽键

　　C. 有一个易被氧化的巯基

　　D. 有两个肽键的三肽

　　E. 是谷氨酸、胱氨酸、甘氨酸构成的三肽

【正确答案】ABCD　　　　　　【易错答案】E

【答案分析】本题考查的知识点是谷胱甘肽的结构特点。谷胱甘肽是由谷氨酸、半胱氨酸和甘氨酸相连接形成的三肽化合物，在谷氨酸和半胱氨酸的连接中形成γ肽键，半胱氨酸结构中含有易被氧化的巯基，由于谷胱甘肽是肽链结构，自然具有N端的α-氨基。正确答案A、B、C、D。不要误选备选项E，该选项中胱氨酸是错误的。

（三）名词解释

1. 氨基酸的等电点

【正确答案】某一pH值溶液中，氨基酸解离成阳离子和阴离子的趋势和程度相等，净电荷为零，此时溶液的pH值称为该氨基酸的等电点。

2. 蛋白质的等电点

【正确答案】某一pH值溶液中，蛋白质解离成阳离子和阴离子的趋势和程度相等，净电荷为零，此时溶液的pH值称为该蛋白质的等电点。

3. 蛋白质的变性

【正确答案】某些理化因素作用，蛋白质的空间结构被破坏，引起蛋白质理化性质改变，生物学活性丧失，称为蛋白质的变性。

4. 蛋白质的四级结构

【正确答案】蛋白质的四级结构是指两条或两条以上的具有独立三级结构的多肽链通过非共价键相连接形成的聚合体结构，具备了蛋白质的四级结构。其中每一条具有独立三级结构的多肽链称为亚基。

5. 盐析

【正确答案】在蛋白质溶液中加入中性盐，使蛋白质从溶液中析出的过程称为盐析。

(四)简答题

1. 简述沉淀蛋白质的方法并说明其原理。

【正确答案】 蛋白质的沉淀是某些因素导致蛋白质从溶液中析出的过程。沉淀蛋白质的方法主要包括:

(1)盐析

在蛋白质溶液中加入中性盐,使蛋白质从溶液中析出的过程称为盐析。盐析沉淀蛋白的原理是破坏蛋白质溶液外围的水化层,中和蛋白质所带的电荷,维持蛋白质溶液稳定存在的两个因素被破坏,导致蛋白质从溶液中沉淀析出。

(2)有机溶剂沉淀蛋白

乙醇、丙酮等有机溶剂可破坏蛋白质的水化层,降低溶液的介电常数,导致蛋白质从溶液中析出。但这种沉淀蛋白质的方法容易引起蛋白质变性。

(3)重金属盐沉淀蛋白质

带负电的蛋白质与带正电的重金属离子结合形成不溶性复合物沉淀析出,这种沉淀蛋白质的方法引起蛋白质变性。

(4)生物碱试剂沉淀蛋白质

带正电的蛋白质与带负电的有机酸根结合形成不溶性复合物沉淀析出,这种沉淀蛋白质的方法引起蛋白质变性。

2. 变性后的蛋白质有何理化性质的改变?

【正确答案】 某些理化因素作用,蛋白质的空间结构被破坏,引起蛋白质理化性质改变,生物学活性丧失,称为蛋白质的变性。变性后的蛋白质主要改变的理化性质包括:紫外吸收增强、黏度即分子的不对称性增强、易被蛋白酶所水解、溶解度下降。

第二章 核酸结构与功能

◎ 重点 ◎

1. 核酸的分类、化学组成
2. DNA 双螺旋和核小体结构特点
3. DNA 和 RNA 的结构比较

◎ 难点 ◎

1. 戊糖、碱基、核苷和核苷酸的结构
2. DNA 双螺旋结构模型
3. tRNA 三叶草结构特点

常见试题

(一)单选题

1. 通常情况下,既不存在于 RNA 中,也不存在于 DNA 中的是哪种碱基(　　)

A. 尿嘧啶　　　　　　　　B. 腺嘌呤　　　　　　　　C. 胸腺嘧啶

D. 鸟嘌呤　　　　　　　　E. 黄嘌呤

【正确答案】E　　　　　　【易错答案】B、D

【答案分析】本题考查的是核酸的分子组成。DNA 中的四类碱基是腺嘌呤、鸟嘌呤、胞嘧啶和胸腺嘧啶。RNA 中的四类碱基是腺嘌呤、鸟嘌呤、胞嘧啶和尿嘧啶。黄嘌呤既不存在于 DNA,也不存在于 RNA。故此题应选择 E 项。

2. 核苷酸在核酸中的连接方式是(　　)

A. 氢键　　　　　　　　　B. 糖苷键　　　　　　　　C. 2′,5′- 磷酸二酯键

D. 3′,5′- 磷酸二酯键　　　E. 2′,3′- 磷酸二酯键

【正确答案】D　　　　　　【易错答案】C

【答案分析】本题考查的是核酸的一级结构,核酸中核苷酸的连接方式。核酸中的核苷酸以 3′,5′- 磷酸二酯键相连,即上一核苷酸中戊糖的 3′羟基(—OH)与下一核苷酸中的戊糖 C-5′的磷酸基(—P)之间酯化脱水形成 3′,5′- 磷酸二酯键,最终形成线性或环形的核酸分子。故此

题应选择 D 项。

3. 下列关于 DNA 碱基组成的叙述正确的是（   ）

A. 同一个体不同组织碱基组成不同

B. 不同生物来源的 DNA 碱基组成不同

C. 同一个体在不同营养状态下碱基组成不同

D. DNA 分子中 A 与 T 的含量不同

E. 同一个体成年期与少儿期碱基组成不同

【正确答案】B　　　　　　　　【易错答案】C、D

【答案分析】本题考查的是 Chargaff 法则。该法则包含 4 个方面：①DNA 碱基组成具有物种特异性，不同物种的 DNA 具有其独特的碱基组成。②同一个体的不同器官、不同组织的 DNA 具有相同的碱基组成。③同一个体的 DNA 碱基组成终生不变，不受年龄、营养状况和环境等因素的影响。④几乎所有物种的 DNA 碱基组成都有下列关系：A=T，G=C，A+G=T+C。故此题应选 B 项。

4. 下列选项中属于 DNA 和 RNA 所共有的成分是（   ）

A. 胸腺嘧啶　　B. D-核糖　　C. 尿嘧啶　　D. 鸟嘌呤　　E. D-2-脱氧核糖

【正确答案】D　　　　　　　　【易错答案】A、C

【答案分析】本题考查的是核酸的化学组成。DNA 中的四类碱基是腺嘌呤、鸟嘌呤、胞嘧啶和胸腺嘧啶，戊糖是 D-2-脱氧核糖。RNA 中的四类碱基是腺嘌呤、鸟嘌呤、胞嘧啶和尿嘧啶，戊糖是 D-核糖。故此题应选择 D 项。

5. 核酸分子中起储存、传递遗传信息作用的关键部分是（   ）

A. 磷酸戊糖　　　　　　B. 核苷　　　　　　C. 磷酸二酯键

D. 碱基序列　　　　　　E. 以上都不是

【正确答案】D　　　　　　　　【易错答案】B

【答案分析】本题考查的是核酸分子的一级结构。核酸的一级结构是指核酸链中核苷酸的排列顺序，由于核苷酸之间磷酸、戊糖相同，仅有碱基不同，故核酸的一级结构也是指碱基的排列顺序；DNA 分子长链中的碱基序列千变万化，形成了 DNA 分子的多样性。对某一特定生物的 DNA，确定的碱基序列构成了 DNA 分子的特异性。物种的遗传信息就储存在碱基序列之中。故应选择 D 项。

6. 下列关于 DNA 双螺旋结构特点的说法中，叙述正确的选项是（   ）

A. A+T 与 G+C 的比值为 1

B. 磷酸、脱氧核糖构成螺旋的骨架

C. 一条链是左手螺旋，另一条链是右手螺旋

D. 两条链的碱基间以共价键相连

E. 双螺旋结构的稳定纵向靠氢键维系

【正确答案】B　　　　　　　　　【易错答案】A、C、D、E

【答案分析】本题考查的是DNA双螺旋模型的特点。①DNA分子是两条反向平行的多核苷酸链围绕同一中心轴相互缠绕，两条链均为右手螺旋。磷酸基团和脱氧核糖构成亲水性的两条多核苷酸主链位于螺旋外侧，彼此通过3′,5′-磷酸二酯键相连接，形成DNA分子的骨架，疏水性的嘌呤碱基和嘧啶碱基位于内侧。②两条链之间的碱基互补配对，碱基平面与纵轴垂直。③碱基堆积力和氢键维持双螺旋结构的稳定性，碱基堆积力维持螺旋的纵向稳定，是维持DNA双螺旋稳定的主要作用力，碱基对间的氢键维持DNA双螺旋的横向稳定。④DNA双螺旋的平均直径为2 nm，两个相邻的碱基对之间的相聚高度，即碱基堆积距离为0.34 nm，两个核苷酸之间的夹角为36°。综上所述，B为正确选项。

7. 下列描述中属于核酸一级结构的是（　　）

A. DNA双螺旋结构

B. DNA的超螺旋结构

C. 核苷酸在核酸长链上的排列顺序

D. tRNA的三叶草结构

E. DNA的核小体结构

【正确答案】C　　　　　　　　　【易错答案】A、D

【答案分析】本题考查的是核酸一级结构。核酸的一级结构是指核酸链中核苷酸的排列顺序。而tRNA的三叶草结构，DNA的双螺旋结构都是二级结构，DNA的超螺旋结构，DNA的核小体结构是三级及以上结构。故此题应选择C项。

8. 在多聚核苷酸中，组成骨架成分的是（　　）

A. 戊糖与戊糖　　B. 碱基与戊糖　　C. 碱基与碱基　　D. 碱基与磷酸　　E. 戊糖与磷酸

【正确答案】E　　　　　　　　　【易错答案】B

【答案分析】本题考查的是多聚核苷酸的二级结构特点。由磷酸基团和核糖构成多聚核苷酸的主链，即多聚核苷酸的骨架成分。故本题应选择E。

9. 下列属于真核生物染色质DNA的三级结构是（　　）

A. 锌指结构　　B. 核小体　　C. 模体　　D. 超螺旋　　E. 结构域

【正确答案】B　　　　　　　　　【易错答案】D

【答案分析】本题考查的是真核生物染色质DNA的三级结构。结构域是生物大分子中具有特异结构和独立功能的区域，特别指蛋白质中这样的区域。超螺旋结构是细菌、某些病毒和噬菌体等原核生物以及真核生物的线粒体和叶绿体的DNA都是闭环结构，可进一步扭转、盘绕而成的结构。锌指结构是一种常出现在DNA结合蛋白中的一种结构基元。核小体是染色质的基本结构单位，由DNA和组蛋白构成，属于真核生物DNA的三级结构。模体是蛋白质中具有特定空间构象和特定功能的结构成分。故此题应选B。

10. 下列选项中关于 RNA 分类、分布及结构的叙述中不正确的是（   ）

　　A. rRNA 可与蛋白质结合

　　B. RNA 并不全是单链结构

　　C. tRNA 分子量比 mRNA 和 rRNA 小

　　D. 主要有 mRNA，tRNA 和 rRNA 三类

　　E. 胞质中只有 mRNA

　　【正确答案】E　　　　　　　　　【易错答案】B、C

　　【答案分析】本题考查的是 RNA 的空间结构与功能。RNA 通常是线性单链结构，有时可自身回折形成局部双链，茎环或发夹等二级结构，再进一步折叠形成三级结构。参与蛋白质合成的 RNA 主要有三类：mRNA，tRNA 和 rRNA。tRNA 分子量比 mRNA 和 rRNA 小。rRNA 可与核糖体蛋白构成核糖体。胞质中除了 mRNA 外，还有细胞质小 RNA（scRNA）等非编码 RNA，故应选 E。

11. 关于 mRNA 的叙述中正确的是（   ）

　　A. 三个相连核苷酸组成一个反密码子

　　B. 链的局部不可形成双链结构

　　C. 3′末端特殊结构与 mRNA 的稳定无关

　　D. 可作为蛋白质合成的模板

　　E. 为线状单链结构，5′端有多聚腺苷酸帽子结构

　　【正确答案】D　　　　　　　　　【易错答案】E

　　【答案分析】本题主要考查 mRNA 的空间结构与功能。RNA 通常是线性单链结构，有时可自身回折形成局部双链，茎环或发夹等二级结构，再进一步折叠形成三级结构。mRNA 约占细胞内 RNA 总量的 5%，是编码氨基酸顺序的模板。大多数真核细胞的 mRNA 转录后在其 5′端加上一个帽子结构，mRNA 转录后 3′端添加约 200 个连续的腺嘌呤核苷酸，称多聚 A 尾（poly A tail）。多聚 A 尾除能保护 mRNA 的 3′端以维持 mRNA 的稳定外，也与 mRNA 从细胞核向细胞质的转移有关。mRNA 分子中每三个核苷酸为一组，决定一种氨基酸，称为遗传密码或三联体密码。故本题 D 为正确选项。

12. 下列 RNA 中既含内含子又含外显子的是（   ）

　　A. hnRNA　　B. snRNA　　C. mRNA　　D. rRNA　　E. tRNA

　　【正确答案】A　　　　　　　　　【易错答案】B、D

　　【答案分析】本题考查的是各类 RNA 的结构和功能。其中不均一核 RNA（hnRNA）既含内含子又含外显子，故应选择 A 项。

13. 下列关键部位决定 tRNA 所携带氨基酸特异性（   ）

　　A. 附加叉　　B. CCA-OH　　C. 反密码环　　D. TΨC 环　　E. DHU 环

　　【正确答案】C　　　　　　　　　【易错答案】A、B、D、E

【答案分析】本题考查的是转运RNA（tRNA）的结构和功能。各种tRNA分子的二级结构很相似，均由数个局部螺旋区构成的茎和膨出的环组成，形状如三叶草，称为三叶草结构。其中，反密码环为7个核苷酸组成的突环，中央三个核苷酸称为反密码子（anticodon），可与mRNA上相应的三联体密码以氢键配对互补。不同的tRNA分子不但结合的氨基酸不同，而且含有不同的反密码子。蛋白质生物合成时就是通过反密码子来辨认mRNA上的密码，从而将tRNA携带的氨基酸正确定位在所合成的肽链上。故本题应选择C。

14. 绝大多数真核生物mRNA的3′末端有（　　）结构？
   A. 终止密码　　B. 起始密码　　C. CCA-OH　　D. 帽子结构　　E. polyA
   【正确答案】E　　　　　　　　【易错答案】D

【答案分析】本题考查的是真核生物mRNA的结构和功能。真核细胞的mRNA转录后在3′端添加约200个连续的腺嘌呤核苷酸，称多聚A尾（poly A tail）。多聚A尾除了能保护mRNA的3′端以维持mRNA的稳定外，也与mRNA从细胞核向细胞质的转移有关。但组蛋白的mRNA无多聚A尾。故此题应选择E。

15. 与mRNA中的5′ ACG密码相对应的tRNA反密码子是（　　）
   A. 5′ CGU　　B. 5′ UAU　　C. 5′ UGC　　D. 5′ GCA　　E. 5′ TGC
   【正确答案】A　　　　　　　　【易错答案】C

【答案分析】本题考查tRNA的反密码子。tRNA二级结构的反密码环为7个核苷酸组成的突环，中央三个核苷酸称为反密码子，可与mRNA上相应的三联体密码以氢键配对互补。故本题应选择A。

16. 下列几种DNA分子的碱基组成比例各不相同，哪种（　　）DNA的解链温度最低？
   A. DNA中C+G含量占40%　　　　B. DNA中A+T含量占60%
   C. DNA中C+G含量占70%　　　　D. DNA中A+T含量占15%
   E. DNA中C+G含量占25%
   【正确答案】E　　　　　　　　【易错答案】D

【答案分析】本题考查的是核酸的理化性质中核酸变性部分。使50%的DNA变性，也就是A_{260}达到最大值的50%时的温度称为变性温度，或融解温度（T_m）。T_m与DNA的大小及碱基组成有关。DNA分子越大，G-C碱基对愈多，T_m值越高。故本题应选择E项。

17. 核酸的最大紫外光吸收值（　　）
   A. 240 nm　　B. 200 nm　　C. 220 nm　　D. 260 nm　　E. 280 nm
   【正确答案】D　　　　　　　　【易错答案】E

【答案分析】本题考查的是核酸理化性质中的紫外吸收性质。核酸的组成成分嘌呤和嘧啶都含有共轭双键，具有紫外吸收特征。在中性条件下，DNA的钠盐的最大吸收峰在260 nm，以A_{260}表示。蛋白质的最大吸收峰约在280 nm。故本题应选择D项。

18. 下列关于 T_m 的说法中叙述正确的是（　　）

A. DNA 中 AT 对比例愈高，T_m 愈高

B. 核酸分子愈小，T_m 范围愈大

C. DNA 中 GC 对比例愈高，T_m 愈高

D. 核酸愈纯，T_m 范围愈大

E. T_m 较高的核酸常常是 RNA

【正确答案】C　　　　　【易错答案】A、B

【答案分析】本题考查的是核酸的理化性质中的核酸的解链温度。使一半的 DNA 变性，也就是 A_{260} 达到最大值的一半时的温度称为变性温度，或熔解温度（T_m），一般在 70℃~85℃。T_m 与 DNA 的大小及碱基组成、分子大小、溶液的 pH 和离子强度等有关。在一定的溶液中，DNA 分子越大，G-C 碱基含量愈高，T_m 值越高。故此题应选择 C 选项。

19. 下列叙述中属于 DNA 变性时的结构变化为（　　）

A. 对应碱基间氢键断裂　　B. 碱基内 C—C 键断裂　　C. 磷酸二酯键断裂

D. N—C 糖苷键断裂　　E. 戊糖内 C—C 键断裂

【正确答案】A　　　　　【易错答案】C

【答案分析】本题考查的是核酸的理化性质，核酸变性。核酸在加热、强酸、强碱和有机溶剂等理化因素作用下，互补碱基间的氢键断裂，结构松散，变为单链的过程。变性不涉及核苷酸之间磷酸二酯键的断裂，因此变性核酸的分子量没有改变，只是其理化性质发生变化，如黏度降低、沉降速度加快、紫外吸收增强、生物学活性丧失等。故此题应选择 A。

20. 下列关于加热导致 DNA 变性的叙述中不正确的是（　　）

A. 黏度降低

B. 50%链结构被解开时的温度称为 DNA 的 T_m

C. 热变性的 DNA 经缓慢冷却后即可复性

D. 紫外光吸收值降低

E. 变性后的 DNA 紫外吸收增强

【正确答案】D　　　　　【易错答案】A、E

【答案分析】本题考查的是核酸的理化性质，核酸变性。核酸在加热、强酸、强碱和有机溶剂等理化因素作用下，互补碱基间的氢键断裂，结构松散，变为单链的过程。变性不涉及核苷酸之间磷酸二酯键的断裂，因此变性核酸的分子量没有改变，只是其理化性质发生变化，如黏度降低、沉降速度加快、紫外吸收增强、生物学活性丧失等。变性的 DNA 紫外吸收明显增加的现象，称为增色效应。DNA 解链达到一半时的温度，称为 DNA 的解链温度（T_m），或变性温度。故此题中表述不正确的为 D 项。

21. 下列关于核酸分子杂交的叙述中哪一项是不正确的（　　）
  A. 杂交技术可用于核酸结构与功能的研究
  B. 不同来源的两条单链 DNA，只要他们有大致相同的互补碱基顺序，它们就可以结合形成新的杂交 DNA 双螺旋
  C. RNA 链可与其编码的多肽链结合形成杂交分子
  D. DNA 单链也可与相同或几乎相同的互补碱基 RNA 链杂交形成双螺旋
  E. 以上都不正确

【正确答案】C　　　　　　　　【易错答案】B、D

【答案分析】本题考查的是核酸分子杂交。分子杂交，即不同来源的核酸混合后，通过变性与复性，形成 DNA-DNA 异源双链，或 DNA-RNA 杂合双链的过程。存在互补碱基序列的不同来源的核酸链可以形成互补杂交双链。核酸分子杂交具有较好的灵敏度和特异性，因而被广泛地应用于酶切图谱制作、目的基因筛选、疾病诊断和法医鉴定等各个方面。故此题中 C 项表述不正确。

22. 下列选项中属于核酸变性后的表现为（　　）。
  A. 最大吸收峰波长发生转移　　B. 沉淀　　C. 减色效应
  D. 失去对紫外线的吸收能力　　E. 增色效应

【正确答案】E　　　　　　　　【易错答案】A、C

【答案分析】本题考查的是核酸变性。因此变性核酸的分子量没有改变，只是其理化性质发生变化，如黏度降低、沉降速度加快、紫外吸收增强、生物学活性丧失等。变性的 DNA 紫外光吸收明显增加的现象，称为增色效应。故此题 E 项为正确选项。

（二）多选题

1. DNA 存在于（　　）
  A. 粗面内质网　B. 细胞核　　C. 溶酶体　　D. 高尔基体　　E. 线粒体

【正确答案】BE　　　　　　　【易错答案】A、D

【答案分析】本题考查的是 DNA 在真核细胞内的分布。DNA 主要分布在细胞核内，叶绿体和线粒体中含少量 DNA。故此题应选择 B、E 项。

2. 下列关于核酸的叙述中正确的有（　　）
  A. 是生命活动的执行者　　B. 是生物必需营养素　　C. 是生物大分子
  D. 是生物遗传的物质基础　　E. 是生物信息分子

【正确答案】CDE　　　　　　【易错答案】A、B

【答案分析】本题考查的是核酸的基本概念。核酸是由核苷酸聚合而来的、具有特殊空间结构和生物学信息功能的生物信息大分子。核算是生物遗传的物质基础，参与调控细胞的生长、繁殖、分化、遗传和变异等各种生命活动，与病毒感染、肿瘤发生、遗传病和代谢性疾病等均有密切联系。故此题选择 C、D、E 项。

3. 下列是 DNA 双螺旋结构的特点是（　　）

A. DNA 双链走向是反向平行的　　　　　　B. 碱基之间共价键结合

C. DNA 双链走向是顺向平行的　　　　　　D. A=T，G=C 配对

E. 一个双链结构

【正确答案】ADE　　　　　【易错答案】B、C

【答案分析】本题考查的是 DNA 双螺旋结构的特点。①DNA 分子是两条反向平行的多核苷酸链围绕同一中心轴相互缠绕，两条链均为右手螺旋。磷酸基团和脱氧核糖构成亲水性的两条多核苷酸主链位于螺旋外侧，彼此通过 3′,5′-磷酸二酯键相连接，形成 DNA 分子的骨架，疏水性的嘌呤碱基和嘧啶碱基位于内侧。②两条链之间的碱基互补配对，碱基平面与纵轴垂直。③碱基堆积力和氢键维持双螺旋结构的稳定性，碱基堆积力维持螺旋的纵向稳定，是维持 DNA 双螺旋稳定的主要作用力，碱基对间的氢键维持 DNA 双螺旋的横向稳定。④DNA 双螺旋的平均直径为 2 nm，两个相邻的碱基对之间的相聚高度，即碱基堆积距离为 0.34 nm，两个核苷酸之间的夹角为 36°。故此题应选择 A、D、E。

4. 下列关于 RNA 的叙述中表述恰当的是（　　）

A. 也是某些生物遗传信息的载体

B. RNA 是核糖核酸

C. 在细胞质内合成并发挥其作用

D. 某些 RNA 有催化活性

E. 参与细胞遗传信息的表达

【正确答案】ABDE　　　　　【易错答案】C

【答案分析】本题考查的是 RNA 的概念、特征。RNA 的核糖核酸，现已知的 RNA 大多参与蛋白质的相互作用、遗传信息的表达及其调控，A、E 项正确。多数生物的遗传信息的载体是 DNA，少数病毒的遗传物质是 RNA，B 项正确。核酶是具有催化功能的 RNA 分子，是生物催化剂，可降解特异的 mRNA 序列。D 项正确。RNA 的合成基本都在细胞核内进行，故 C 项错误。

5. 真核生物 mRNA 特点有（　　）

A. mRNA 分子越大，其 3′端 poly A 尾也越长

B. 由 hnRNA 转变而来

C. 3′端的 poly A 尾结构与 mRNA 稳定有关

D. 5′端帽子结构与蛋白质合成起始有关

E. 5′端帽子结构与生物进化有关

【正确答案】BCDE　　　　　【易错答案】A

【答案分析】本题考查的是真核生物 mRNA 的结构特点。不均一核 RNA（hnRNA）是成熟 mRNA 的前体。真核生物 mRNA 5′末端帽子结构可以保护 mRNA 免遭核酸酶的降解，也是翻译的起始因子识别、结合的一种标志。mRNA 3′端多聚 A（poly A）结构，长约 100~200 个腺

苷酸，可引导mRNA由细胞核向细胞质转运，增加mRNA稳定性及参与翻译起始的调控。故此题选择B、C、D、E项。

6.下列RNA直接参与蛋白质生物合成的是（　　）

A. hnRNA　　B. SnRNA　　C. mRNA　　D. rRNA　　E. tRNA

【正确答案】CDE　　　　　【易错答案】A、B

【答案分析】本题主要考查的是RNA的生化功能。现今已知的RNA大多数参与蛋白质的相互作用、遗传信息的表达及其调控。参与蛋白质合成的RNA主要有三类：信使RNA（mRNA）、转运RNA（tRNA）和核糖体RNA（rRNA）。故本题选择C、D、E。

7.下列关于核酶表述中哪些是正确的（　　）

A. 是核酸与蛋白质共同组成的酶

B. 可作为肿瘤和病毒的基因治疗手段

C. 它的作用是水解蛋白质

D. 是具有酶活性的RNA分子

E. 也存在DNA核酶

【正确答案】BDE　　　　　【易错答案】A、C

【答案分析】本题考查的是核酶的概念、特征。核酶是具有催化功能的RNA分子，是生物催化剂，可降解特异的mRNA序列。催化底物是DNA的酶，是脱氧核酶，即DNA核酶。核酶也可以可作为肿瘤和病毒的基因治疗手段。故本题应选择B、D、E。

8.下列关于DNA复性说法中不恰当的是（　　）

A. 热变性后迅速冷却可以加速复性　　　　B. 4℃为最适温度

C. DNA变性和复性是核酸分子杂交的基础　　D. 又叫退火

E. 37℃为最适温度

【正确答案】ABE　　　　　【易错答案】C、D

【答案分析】本题考查的是核酸的理化性质之一，DNA复性。核酸在加热、强酸、强碱和有机溶剂等理化因素作用下，互补碱基间的氢键断裂，结构松散，变为单链的过程，即为DNA变性。在适当的条件下，变性DNA的两条单链重新结合，恢复天然的双螺旋结构及其生物学活性的过程称为复性，也称为退火。退火温度与时间，取决于引物的长度、碱基组成及其浓度，还有靶基序列的长度。DNA的变性和复性是核酸分子杂交的基础。故本题表述不恰当的为A、B、E。

9.DNA分子杂交的基础是（　　）

A. DNA黏度大

B. DNA变性后在一定条件下可复性

C. DNA变性双链解开，在一定条件下重新缔合

D. DNA的刚性与柔性

E. DNA分子的碱基互补配对原则

【正确答案】BCE　　　　　　　【易错答案】A、D

【答案分析】本题考察的是DNA分子杂交。DNA分子杂交，即为来源不同的核酸混合后，通过变性与复性过程，遵循碱基互补配对原则，形成DNA-DNA异源双链，或DNA-RNA杂合双链的过程。故本题应选择B、C、E。

10. 下列是DNA双螺旋稳定的因素是（　　　）
A. 磷酸基团的亲水性　　B. 大量的氢键　　C. 碱基之间存在离子键
D. 碱基之间的磷酸二酯键　　E. 碱基间的堆积力

【正确答案】BE　　　　　　　【易错答案】A、C、D

【答案分析】本题考查的是维持DNA双螺旋结构稳定性的作用力。相邻的两个碱基对平面在旋进中相互重叠，因此产生具有疏水性的碱基堆积力，维持螺旋的纵向稳定，是保持DNA双螺旋稳定的主要作用力。互补链之间碱基对的氢键维持DNA双螺旋的横向稳定。磷酸基团的负电荷与组蛋白、介质中阳离子的正电荷之间相互作用，减少了DNA分子间的静电斥力，对DNA双螺旋结构的稳定有一定作用。碱基堆积力和氢键维持螺旋结构的稳定性。故此题应选择B、E。

（三）名词解释题

1. DNA的双螺旋结构

【正确答案】由两条反向平行的多核苷酸链共同围绕中心轴盘旋而成的双螺旋结构。两条链的碱基互补，靠氢键维系。糖、磷酸在螺旋外侧，碱基在内侧。

2. 核小体

【正确答案】真核细胞染色质的基本结构单位是核小体（DNA的一种三级结构）。核小体由核心颗粒和连接区构成。组蛋白H2A、H2B、H3和H4各两分子组成八聚体，外绕1.75圈DNA（140bp）构成核心颗粒；组蛋白H1和60～100bpDNA形成连接区。

3. T_m值

【正确答案】紫外线吸收值达到最大值的50%时的温度或使50% DNA分子发生变性的温度称为变性温度（用T_m表示）。

4. 增色效应

【正确答案】DNA变性时其溶液A_{260}增高的现象称为增色效应。机制：如DNA的加热变性过程中，DNA双链解开，暴露内部的碱基，使得其对260 nm波长的紫外光的吸收增加，DNA的A_{260}增加，并与解链温度有一定的比例关系。

5. 核酶

【正确答案】指一些RNA具有催化功能，可以催化自我拼接等反应，这种具有催化作用的RNA称为核酶。

6. 反密码子

【正确答案】在tRNA链上有三个特定的碱基，组成一个密码子，由这些反密码子按碱基配对原则识别 mRNA 链上的密码子。反密码子与密码子的方向相反。

7. 退火

【正确答案】热变性的 DNA 缓慢冷却后复性的过程。

(四) 简答题

1. 简述 DNA 双螺旋结构模式的要点。

【正确答案】① DNA 是一反向平行的双链结构，脱氧核糖和磷酸骨架位于双链的外侧，碱基位于内侧，两条链的碱基之间以氢键相连接。A 始终与 T 配对，形成 2 个氢键（A=T），G 始终与 C 配对，形成 3 个氢键（G≡C）。碱基平面与线性分子结构的长轴相垂直，一条链的走向是 5'→3'，另一条链的走向就一定是 3'→5'。② DNA 是一右手螺旋结构。螺旋每旋转一周包含 10bp，每个碱基的旋转角度为 36°，碱基平面之间相距 0.34 nm。螺距为 2 nm。DNA 双螺旋分子存在 1 个大沟和 1 个小沟。③ 维持双螺旋稳定的主要力是碱基堆积力（纵向）和氢键（横向）。

2. 简述真核生物 mRNA 的结构特点。

【正确答案】成熟的真核生物 mRNA 的结构特点是：①大多数真核生物 mRNA 在 5' 端有 m7GpppN 的帽子结构。帽子结构在 mRNA 作为模板翻译成蛋白质的过程中具有促进核糖体与 mRNA 的结合，加速翻译起始速度的作用，同时可以增强 mRNA 的稳定性。②在真核生物 mRNA 的 3' 端，大多数有一段长短不一的多聚腺苷酸结构，通常称为多聚 A 尾（poly A）。一般由数十个至一百多个腺苷酸连接而成。随着 mRNA 存在时间的延续，这段多聚 A 尾慢慢变短。因此，目前认为这种 3' 末端结构可能与 mRNA 从核内向胞质的转位及 mRNA 的稳定性有关。

3. 从以下几方面对蛋白质及 DNA 进行比较：①分子组成；②一、二级结构；③主要生理功能。

【正确答案】①分子组成：蛋白质有 20 种氨基酸；DNA 有四种脱氧核糖核酸。②一级结构：氨基酸之间通过肽键链接，也有少量的二硫键参与维持；DNA 核苷酸分子之间通过磷酸二酯键连接。③二级结构：蛋白质有 α 螺旋、β 折叠、β 转角、无规则卷曲；DNA 则以反向平行互补的双链形式，即双螺旋形式。④主要生理功能：蛋白质是生命功能的物质基础，是构成组织的结构成分；DNA 作为生物遗传信息复制和基因转录的模板，且能执行多种生物学功能，是遗传信息的携带者及传递者。

第三章 维生素与微量元素

◎ 重点 ◎

1. 水溶性维生素的主要生化功能与典型的缺乏病
2. 脂溶性维生素的主要生化功能与典型的缺乏病
3. B 族维生素的活性形式及用于构成何种酶的辅助因子

◎ 难点 ◎

1. B 族维生素构成何种酶的辅助因子
2. 各维生素典型缺乏症

常见试题

(一)单选题

1. 维生素 D 的活性形式是( )

A. $VitD_3$ B. $1,25-(OH)_2-VitD_3$ C. $1,24,25-(OH)_3-VitD_3$
D. $24,25-(OH)_2-VitD_3$ E. $25-(OH)-VitD_3$

【正确答案】B 【易错答案】C、E

【答案分析】本题考查的是维生素的活化形式。脂溶性维生素 – 维生素 D 化学本质为类固醇衍生物,主要有维生素 D_2(麦角钙化醇)和 D_3(胆钙化醇)两种。$1,25-(OH)_2-VitD_3$,这是维生素 D_3 最主要的活性形式。故本题选择 B。

2. 下列辅酶或辅基中含有维生素 PP 的是( )

A. 辅酶 A B. TPP C. NADP D. FMN E. FAD

【正确答案】C 【易错答案】B

【答案分析】本题主要考查的是维生素 PP。维生素 PP 在体内的活化形式是烟酰胺腺嘌呤二核苷酸(NAD^+,辅酶 I)。NAD^+ 磷酸化即生成烟酰胺腺嘌呤二核苷酸磷酸($NADP^+$,辅酶 II)。故此题中,C 选项是正确答案。

3. 在辅酶 A 中包含的维生素有( )

A. 泛酸 B. 硫胺素 C. 吡哆胺 D. 核黄素 E. 钴氨素

【正确答案】A　　　　　　　　【易错答案】B、C、D、E

【答案分析】本题主要考查辅酶A的相关知识。泛酸在体内的活化形式是辅酶A（CoA）和酰基载体蛋白（ACP），它们是酰基转移酶的辅酶，其中CoA参与酰基的转运，ACP参与脂肪酸的合成。故此题选择A。

4. 下列胡萝卜素类物质在动物体内转为维生素A的转变率最高的是（　　）

　　A. α-胡萝卜素　　　　　B. β-胡萝卜素　　　　　C. γ-胡萝卜素

　　D. 玉米黄素　　　　　　E. 新玉米黄素

【正确答案】B　　　　　　　　【易错答案】A、C

【答案分析】本题考查的是动物体内维生素A的来源。维生素A在肝、蛋黄、乳类中含量较多。植物中不存在维生素A，但含有多种胡萝卜素，如α-、β-、γ-胡萝卜素等，称为维生素A原，其中β-胡萝卜素最重要。故此题选择B项。

5. 体内可由色氨酸少量生成的维生素是（　　）

　　A. 维生素B_1　　B. 维生素D　　C. 维生素E　　D. 维生素K　　E. 维生素PP

【正确答案】E　　　　　　　　【易错答案】B、D

【答案分析】本题考查的是维生素PP的来源。维生素PP广泛存在于动植物内，在动物内脏、肉类、酵母及谷类中含量丰富。肠道细菌能利用色氨酸合成少量维生素PP。故此题的选项为E。

6. 不含B族维生素的辅助因子是（　　）

　　A. CoA　　　B. CoQ　　　C. FH_4　　　D. FMN　　　E. TPP

【正确答案】B　　　　　　　　【易错答案】C、D

【答案分析】本题考查的是B族维生素参与的辅助因子。FH_4含有叶酸，TPP含有维生素B_1，CoA含有泛酸，FMN含有维生素B_2。故本题应选择B。

7. 关于维生素的叙述，表述正确的是（　　）

　　A. 酶的辅酶或辅基都是维生素

　　B. 维生素是一类高分子有机化合物

　　C. 分类的依据是按其溶解性

　　D. 服用维生素制剂是补充维生素最好的方法

　　E. 引起维生素缺乏的唯一原因是摄入量不足

【正确答案】C　　　　　　　　【易错答案】A、D

【答案分析】本题考查的是维生素的基本概念。维生素是人体重要的营养物质之一，主要存在于食物中，是人类维持正常生理活动不可缺少的一类小分子有机化合物。根据其溶解性质的不同，维生素可以分为脂溶性维生素和水溶性维生素。酶的辅酶和辅基有两类，一类是金属离子，另一类是小分子有机化合物。导致机体维生素缺乏的原因有摄取不足、吸收障碍、机体需要量增加，服用某些药物和特异性缺陷等。人体最好从食物中摄取维生素。故此题C选项正确。

8. 在体内维生素 B_6 的活化形式是（　　）

A. 生育酚　　　　　　B. 硫辛酸　　　　　　　　C. CoA，ACP

D. 四氢叶酸　　　　　E. 磷酸吡哆醛和磷酸吡哆胺

【正确答案】E　　　　　　　　【易错答案】A、B

【答案分析】本题考查的是维生素在体内的活化形式。维生素 B_1 的活化形式是 TPP；维生素 B_2 的活化形式是 FMN，FAD；维生素 PP 的活化形式是 NAD^+，$NADP^+$；维生素 B_6 的活化形式是磷酸吡哆醛，磷酸吡哆胺；泛酸的活化形式是 CoA，ACP；生物素的活化形式是生物素辅基；叶酸的活化形式四氢叶酸；维生素 B_{12} 的活化形式甲钴胺素，$5'$-脱氧腺苷钴胺素；硫辛酸的活化形式是硫辛酸；维生素 C 的活化形式抗坏血酸；维生素 A 的活化形式视黄醇，视黄醛，视黄酸；维生素 D 的活化形式 $1,25-(OH)_2-VitD_3$；维生素 E 的活化形式生育酚；维生素 K 的活化形式 2-甲基-1,4-萘醌。故本题选择 E。

9. 哪种维生素的缺乏会引起夜盲症，眼干燥症（　　）

A. 维生素 A　　B. 维生素 PP　　C. 维生素 E　　D. 四氢叶酸　　E. 维生素 C

【正确答案】A　　　　　　　　【易错答案】C、E

【答案分析】本题考查的是维生素 A 的典型缺乏症。维生素 A 的典型缺乏症是夜盲症，眼干燥症。维生素 B_1 的典型缺乏症是脚气病；维生素 B_2 典型缺乏症是口角炎，舌炎，唇炎，阴囊炎；维生素 PP 的典型缺乏症是癞皮病；叶酸的典型缺乏症巨幼红细胞性贫血；维生素 B_{12} 的典型缺乏症是巨幼红细胞性贫血；维生素 C 的典型缺乏症是坏血病；维生素 D 的典型缺乏症是儿童佝偻病，成人软骨病；维生素 K 的典型缺乏症凝血障碍，新生儿出血等。故本题应选择选项 A。

10. 缺乏下列哪种维生素可造成神经组织中的丙酮酸和乳酸堆积（　　）

A. 维生素 C　　B. 维生素 B_{12}　　C. 维生素 B_2　　D. 维生素 B_1　　E. 维生素 B_6

【正确答案】D　　　　　　　　【易错答案】B、C、E

【答案分析】本题考查的是维生素 B_1 的生化功能。维生素 B_1 在体内的活化形式是焦磷酸硫胺素（TPP）。TPP 是 α-酮酸氧化脱氢酶系的辅酶。正常情况下，神经组织的能量来源主要靠糖的氧化供能，丙酮酸、α-酮戊二酸等 α-酮酸可在 TPP 的参与下氧化脱羧，分别生成乙酰辅酶 A 和琥珀酰辅酶 A，参与糖的氧化。因此，维生素 B_1 缺乏时，由于 TPP 合成不足，引起依赖 TPP 的代谢反应被抑制而导致糖的氧化利用受阻，使组织细胞供能不足。维生素 B_1 缺乏首先影响神经组织的能量供应，同时伴有丙酮酸及乳酸等在神经组织中的堆积，出现手足麻木、四肢无力等多发性周围神经炎的症状，严重者引起心跳加快，心脏衰竭等症状，临床上称为脚气病。故此题选择 D。

11. 唯一含有金属元素的维生素是（　　）

A. 维生素 H　　B. 维生素 B_1　　C. 维生素 B_2　　D. 维生素 B_{12}　　E. 维生素 B_6

【正确答案】D　　　　　　　　【易错答案】E

【答案分析】本题考查的是维生素的分子结构。维生素 B_{12} 分子中含有金属钴，所以又称钴胺素,是唯一含有金属元素的维生素。故本题应选择D。

12. 肠道细菌作用,可给人体提供(　　)

　　A. 维生素A和维生素D　　B. 维生素K和维生素B_6　　C. 维生素C和维生素E
　　D. 泛酸和尼克酰胺　　E. 疏辛酸和维生素B_{12}

【正确答案】B　　　　　　　　【易错答案】A、E

【答案分析】本题考查的是维生素的来源。肠道菌群可以合成维生素B_6,维生素K是人体肠道细菌代谢的产物。故此题应选择B。

(二) 多选题

1. 维生素C参与的反应有(　　)

　　A. 胶原的合成　　　　　　B. 儿茶酚胺的合成　　　　C. 类固醇的羟化
　　D. 有机药物或毒物的羟化　　E. 苯丙氨酸转变为酪氨酸

【正确答案】ABCDE　　　　　【易错答案】E

【答案分析】本题考查的是维生素C的生化功能。①维生素C参与体内的氧化还原反应:保持巯基酶的活性和谷胱甘肽的还原状态,起解毒作用;与红细胞的氧化还原过程有密切联系;促进肠道内铁的吸收;保护维生素A、E及B免遭氧化。②维持体内多种羟化反应:促进胶原蛋白的合成;参与胆固醇的羟基化;参与芳香族氨基酸的代谢。③防止贫血。④改善变态反应。⑤刺激免疫系统。故此题应全部选。

2. 与呼吸链传递氢和电子有关的维生素有(　　)

　　A. 维生素B_1　　B. 维生素B_2　　C. 维生素B_6　　D. 维生素K　　E. 维生素PP

【正确答案】BE　　　　　　　【易错答案】A、C

【答案分析】在生物体内,维生素B_2在黄素激酶的催化下,生成黄素单核苷酸(FMN),还可再从ATP将一分子AMP转移到FMN的磷酸基上而生成黄素腺嘌呤二核苷酸(FAD),FMN和FAD是维生素B_2的活性形式,在生物氧化中维生素B_2作为递氢体起作用。维生素PP在自然界中有烟酸(尼克酸)和烟酰胺(尼克酰胺)两种,它们均属于吡啶的衍生物。在细胞液中,烟酸与磷酸核糖焦磷酸化合生成烟酸单核苷酸,再与ATP反应生成烟酸腺嘌呤二核苷酸,后者由谷氨酰胺获得酰胺基,生成烟酰胺腺嘌呤二核苷酸(NAD^+),又称为辅酶I(CoI)。NAD^+磷酸化即生成烟酰胺腺嘌呤二核苷酸磷酸($NADP^+$),又称为辅酶II(CoII)。NAD^+和$NADP^+$是维生素PP的活性形式。NAD^+和$NADP^+$是脱氢酶的辅酶,分子中的吡啶环能可逆的加氢还原和脱氢氧化,在生物氧化过程中发挥递氢作用。因此,此题选择B、E。

3. 与生物素有关的代谢反应有(　　)

　　A. 氨基酸脱羧反应　　　　B. 一碳基团的转移　　　　C. 丙酮酸的羧化反应
　　D. 丙酮酸的氧化脱羧反应　　E. 乙酰CoA转变成丙二酸单酰CoA

【正确答案】CE　　　　　　　【易错答案】A、B、D

【答案分析】本题考查的是生物素的生化功能。乙酰CoA羧化酶、丙酮酸羧化酶和β-甲基丁烯酰 CoA 羧化酶的合成都需要生物素，参与体内 CO_2 的固定（羧化）和转羧基作用。故此题选择 C、E。

4. 以下属于水溶性维生素特点的是（　　）

A. 易溶于水　　　　　B. 自身可以合成　　　　　C. 容易随尿排出

D. 体内储存量较大　　E. 易溶于有机溶剂

【正确答案】AC　　　　　【易错答案】B、E

【答案分析】本题考查的是水溶性维生素的特点。水溶性维生素有 B 族维生素和维生素 C。它们的共同特点是：易溶于水而不溶或微溶于有机溶剂；容易随尿液排出，故体内储存较少，需要从食物中摄取。B 族维生素主要作为酶的辅助因子参与体内的物质代谢。故此题选择 A、C。

5. 属于维生素 A 的生化功能的是（　　）

A. 抗肿瘤作用　　　　B. 促进生长发育　　　　　C. 参与信号转导

D. 参与合成视紫红质　E. 促进上皮细胞膜糖蛋白的合成

【正确答案】ABCDE　　　【易错答案】C

【答案分析】本题考查的是维生素 A 的生化功能。维生素 A 的生化功能主要有：①构成视觉细胞内感光物质的成分，视黄醛是维生素 A 的氧化产物，视紫红质是由 11-视黄醛与视蛋白结合而成。②维持上皮组织结构的完整性，促进上皮细胞膜糖蛋白的合成。③促进生长发育，参与类固醇的合成。④具有一定的抗肿瘤作用。⑤视黄酸还能诱导细胞分化，参与细胞信号转导等。故此题选择 A、B、C、D、E。

6. 下列属于维生素 E 的生化功能的是（　　）

A. 参与还原反应　　　B. 抗不育作用　　　　　　C. 促进血红素代谢

D. 抑制血小板凝集　　E. 促进凝血因子合成

【正确答案】BCD　　　　【易错答案】A、E

【答案分析】本题考查的是维生素 E 的生化功能。维生素 E 具有抗氧化作用，是机体内最重要的抗氧化剂；具有抗不育作用，临床上可用于治疗先兆流产、习惯性流产和不育症；促进血红素的合成；抑制血小板凝集，改善微循环，降低毛细血管脆性及通透性。故此题应选择 B、C、D。

（三）名词解释题

1. 维生素

【正确答案】维生素是维持机体正常生理功能所必需的，需要量极少，许多动物体内不能合成，必须由食物供给的一类低分子有机化合物。

2. 坏血酸

【正确答案】当维生素 C 缺乏时，胶原和细胞间质合成障碍，毛细血管脆性增大，通透性增加，轻微创伤或压力即可使毛细血管破裂，引起出血现象。

3. 抗坏血酸

【正确答案】维生素 C 是一种酸性化合物并具有强还原性，因其具有防治坏血病的作用，故又称为抗坏血酸。

4. 微量元素

【正确答案】是指人体每日需要量在 100 mg 以下、不超过体重 0.01% 的元素。

（四）简答题

1. 试述维生素 C 的生化作用。

【正确答案】维生素 C 是多种羟化酶的辅助因子，可以参加体内多种羟化反应，在多种物质代谢中起重要作用。例如：促进胶原蛋白的合成；参与胆固醇的转化；参与芳香族氨基酸的代谢等；维生素 C 的分子中有特殊的烯醇式羟基结构，很容易释放氢原子使其他物质还原，因而具有还原剂的性质，可参与体内的氧化还原反应；抗病毒作用等。

2. 试述佝偻病的发病机理。

【正确答案】佝偻病是由于维生素 D 缺乏或代谢障碍所导致的儿童因骨质钙化不良，造成骨骼形成的障碍性疾病。因维生素 D 具有促进肠道和肾小管对钙磷的吸收和促进骨细胞的转化，有利于骨盐的沉积和骨骼钙化作用。维生素 D 生化作用的发挥依赖于肝、肾功能的正常，它首先在肝 25-羟化酶催化下生成 25-(OH)-D_3，经血液运送至肾，在肾 1-羟化酶催化下生成 $1,25\text{-(OH)}_2\text{-VitD}_3$ 是维生素 D_3 的活性形式，才能发挥生理作用。当维生素 D 缺乏或肝肾功能不健全时，同样会造成钙磷代谢紊乱，骨骼形成障碍，而引起佝偻病。

第四章　酶

◎ **重点** ◎

1. 酶的分子组成与功能
2. 酶促反应动力学
3. B 族维生素与辅酶的关系
4. 同工酶的概念

◎ **难点** ◎

1. 米-曼氏方程式
2. K_m 值的含义与主要意义
3. 抑制剂对酶促反应速率的影响

常见试题

（一）单选题

1. 下列有关酶的叙述，不正确的是（　　）

A. 酶有高度的特异性

B. 酶由活细胞产生，但在体外仍有催化效能

C. 酶有高度的催化效能

D. 酶能催化热力学不可能进行的反应

E. 酶本身也有代谢更新的性质

【正确答案】D　　　　　　【易错答案】B、E

【答案分析】本题考查的是酶作为生物催化剂的主要特征。酶是由活细胞产生的对特异性底物具有高效催化功能的生物大分子。酶与一般的催化剂相同点：酶只能催化热力学允许的化学反应；通过降低反应的活化能来提高反应速率；反应前后没有质和量的变化；可以缩短达到化学平衡的时间，但不改变平衡点。酶独特的催化特点：具有极高的催化效率；具有高度的特异性；具有可调节性。故而 D 选项是不正确的。

2. 酶活性受温度影响的特点是（   ）

A. 温度愈高，酶促反应速度愈大

B. 温度对酶活性没有影响

C. 酶作用的最适温度是酶的特征性常数

D. 低温可使酶活性下降且导致酶变性失活

E. 存在一最适温度，此时酶活性最高

【正确答案】E　　　　　　　　【易错答案】C

【答案分析】本题考查的是温度对酶促反应速率的影响。在从较低温度升高时，酶促反应速率随着温度的升高而加快；但温度超过一定范围后，酶受热发生变性，反应速率反而减慢。酶促反应速率达到最大时的温度是酶的最适温度。最适温度与反应时间有关，不是酶的特征性常数。故 E 选项正确。

3. 关于酶的活性中心，以下说法错误的是（   ）

A. 活性中心处于酶分子表面的一定区域

B. 酶的必需基团都在活性中心内

C. 活性中心包括结合基团和催化基团

D. 活性中心的空间结构被破坏，酶便失去活性

E. 结合酶分子中的辅酶或辅基是构成活性中心的组成部分

【正确答案】B　　　　　　　　【易错答案】D

【答案分析】本题考查的是酶的组成中酶的活性中心部分的特征。酶的必需基团在一级结构上可能相距甚远，但在空间结构上却彼此靠近，形成了一个能与底物特异结合并将底物转变为产物的特定空间区域，这个区域就是酶的活性中心。对于结合酶来说，辅助因子参与组成酶的活性中心。酶的活性中心内包括催化基团和必需基团，还有些基团参与维持酶的活性中心应有的空间构象，但不参与活性中心的组成，称为酶的活性中心外的必需基团。故此题应选择 B。

4. 关于同工酶的描述，错误的是（   ）

A. 这些酶的一级结构也相似

B. 它们的电泳迁移率可以不同

C. 它们对底物或辅酶的亲和力大小可有差异

D. 这些酶的活性中心结构相同或极为相似

E. 它们对热变性的稳定性可有差异

【正确答案】A　　　　　　　　【易错答案】B、C、D、E

【答案分析】本题考查的是同工酶的概念。同工酶是催化同一化学反应，但其分子结构、理化性质和免疫学性质等都不同的一组酶。可以选择电泳法、色谱法（层析法）、化学抑制法、免疫抑制法、热失活法等测定同工酶，其中电泳法最为常用。故此题应该选择 A。

5. 关于酶原，以下正确的说法是（　　）

A. 凡是酶原均有自身催化作用

B. 酶原在一定的条件下可以转变为有活性的酶

C. 某些酶在最初由细胞合成或分泌时，没有催化活性，但已形成完整的活性中心

D. 酶原激活通常是酶原分子内部某些肽键断裂，但没有肽段从分子上脱落

E. 酶原由细胞合成，并主要在合成它的细胞内发挥其催化作用

【正确答案】B　　　　　【易错答案】C、D

【答案分析】本题考查的内容是酶原和酶原的激活。酶原就是在细胞内合成或初分泌时没有催化活性酶的前体。酶原的激活过程，就是在一定的条件下，酶原水解掉一个或几个肽段，使酶分子构象发生变化，形成或者暴露出活性中心，使无活性的酶原转变成有活性的酶。酶原的存在可避免酶异常活化而消化自身细胞，起保护自身的作用，也是酶的一种储存形式，使酶在特定部位或者特定条件下发挥催化功能。故本题的正确选项应是B。

6. 关于可逆性抑制剂，其中错误的说法是（　　）

A. 除去抑制剂后，酶的活性能够恢复

B. 可逆性抑制主要包括竞争性抑制、非竞争性抑制与反竞争性抑制3类

C. 这类抑制剂与酶蛋白的结合是可逆的

D. 用透析法一般不能除去这类抑制剂

E. 抑制剂以非共价键与酶结合，两者结合不牢固

【正确答案】D　　　　　【易错答案】A、E

【答案分析】本题考查的是抑制剂对酶促反应速率的影响，可逆性抑制。可逆性抑制是抑制剂通过非共价键与酶或酶－底物复合物可逆性结合，使酶活性降低或丧失，可以用物理方法（透析、超滤等）除去抑制剂使酶恢复活性。可逆性抑制又可分为：竞争性抑制，非竞争性抑制，反竞争性抑制三种类型。综上所述，此题应该选择D。

7. 关于酶的抑制作用，下列说法中正确的是（　　）

A. 尿素、β-巯基乙醇等对酶蛋白的空间结构的破坏作用

B. 使酶活性下降的作用

C. 能使酶活性下降又不引起酶蛋白变性的作用

D. 某些因素使酶蛋白肽链断裂导致酶活性失活的作用

E. 各种理化因素引起酶蛋白变性导致酶活力降低或失活的作用

【正确答案】C　　　　　【易错答案】D、E

【答案分析】本题考查的是抑制剂对酶促反应速率的影响。酶的抑制作用是指使酶的催化活性丧失或降低，但并不引起酶的变性。正确的应为C选项。

8.关于pH对酶促的活性影响，下列说法中正确的是（　　）

A.酶的最适pH是酶的特征性常数

B.溶液pH值高于最适pH值越多，酶活性越高

C.溶液pH值高于或低于最适pH均使酶的活性下降

D.体内所有酶的最适pH值均接近7

E.最适pH不受底物的种类和浓度的影响

【正确答案】C　　　　　【易错答案】A、E

【答案分析】本题考查的是pH对酶促反应速率的影响。酶活性达到最大时反应体系的pH称为酶的最适pH，反应体系的pH高于或低于最适pH时都会使酶的活性降低。体内大多数酶的最适pH接近于中性，但也有例外，如胃蛋白酶的pH值约为1.8，肝精氨酸酶的最适pH约为9.8。最适pH值不是酶的特征性常数，易受到多种因素的影响，如底物浓度、缓冲液种类、反应温度等。故本题应选C。

9.有关 K_m 值的下列论述，哪一项是不正确的（　　）

A.多底物的酶的最适底物一般是对各底物的 K_m 值中最小者

B.不同的酶 K_m 值多半不同

C.K_m 值是反应在最大速度时底物浓度的一半

D.一种酶可作用于不同的底物时，它对每种底物均有一个特定的 K_m 值

E.在一定条件下，K_m 值越大，表示底物对酶的亲和力越小

【正确答案】C　　　　　【易错答案】A、B、D、E

【答案分析】本题考查的是 K_m 值的含义与主要意义。①根据米氏方程式，当 K_m =[S] 时，$V=V_{max}/2$，由此可知，K_m 值等于酶促反应速率达到最大反应速率 V_{max} 一半时底物浓度，单位是 mol/L，与底物浓度的单位一样。K_m 值的测定范围多在 $10^{-6}\sim10^{-2}$ mol/L。②K_m 是一个特征性常数，K_m 的大小只与酶的性质有关，与酶的浓度无关。K_m 随着测定的底物、反应的温度、pH及离子强度而改变。③K_m 值可以判断酶的专一性和天然底物，有的酶可以作用于多种底物，就有多个 K_m 值，其中 K_m 最小的底物对酶的亲和力最大，称为该酶的最适底物，也就是天然底物。故而本题中C选项是错误的。

10.以下属于单纯酶的是（　　）

A.碳酸酐酶　　　　B.细胞色素氧化酶　　　　C.谷丙转氨酶

D.核糖核酸酶　　　E.乳酸脱氢酶

【正确答案】D　　　　　【易错答案】A、B、C、E

【答案分析】本题考查的是酶的分子组成。按照分子组成，酶可以分为单纯酶和结合酶，单纯酶是只含有蛋白质的酶；结合酶由蛋白质和非蛋白质部分组成，前者是酶蛋白，后者称为辅助因子（辅酶和辅基）。体内大部分酶是结合酶，B族维生素及其衍生物构成了结合酶的辅酶或辅基中的重要部分。谷丙转氨酶的辅酶是磷酸吡哆醛，乳酸脱氢酶的辅酶是 NAD^+，细胞色素氧

化酶的辅酶是血红素，辅基是 Fe^{2+} 或 Fe^{3+}，碳酸酐酶的辅基是 Zn^{2+}。故此题中只有 D 选项核糖核酸酶是单纯酶。

11. 在底物浓度达到饱和时，如继续增加底物浓度则（　　）

A. 形成酶—底物复合物增多

B. 增加抑制剂反应速度反而加快

C. 酶的活性中心全部被占据，反应速度不再增加

D. 反应速度随底物的增加而加快

E. 随着底物浓度的增加酶失去活性

【正确答案】C 　　　　　　　【易错答案】A、D

【答案分析】本题考查的是底物浓度对酶促反应速率的影响。底物浓度对反应速率的影响呈双曲线关系。在酶浓度恒定的条件下，底物浓度较低时，反应速度与底物浓度呈正比关系，表现为一级反应。随着底物浓度的逐渐增加，反应速度与底物浓度不再呈正比关系，表现为混合级反应。当底物浓度相当高，酶被饱和后，底物浓度的变化对反应速率影响较小，几近无关，反应达到了最大的反应速度（V_{max}），此时表现为零级反应。

12. 变构调节的机理是（　　）

A. 变构剂与酶的辅基结合，使酶失去催化作用

B. 变构剂作用于酶分子催化部位，使酶分子活性降低

C. 变构剂与酶分子活性中心结合，使酶不能与底物结合

D. 变构剂与酶分子上的必要基团结合，稳定酶的构象

E. 变构剂与酶分子调节亚基（或部位）相互作用使其酶蛋白发生构象改变

【正确答案】E 　　　　　　　【易错答案】B、D

【答案分析】本题考查的是细胞中酶活性的调节，包括变构调节和共价修饰调节。变构调节即一些小分子代谢物可与某些酶分子活性中心外的某部位可逆结合，使酶构象改变，从而改变酶的催化活性。故此题应选择 E。

13. 在血清中影响某些酶活性升高的因素有（　　）

A. 摄取某些维生素过多引起组织细胞内的辅酶含量增加

B. 细胞受损使细胞内酶释放入血

C. 某些酶随尿排出减少

D. 细胞内外某些酶被激活

E. 体内代谢降低使酶的降解减少

【正确答案】B 　　　　　　　【易错答案】A

【答案分析】血清中酶活性升高的主要原因是细胞受损，使细胞内的酶释放入血。故此题应选择 B。

14.酶的活性是指（　　）

A.酶自身的变化　　　　B.无活性酶转变成有活性的酶　　　　C.酶的催化能力

D.酶所催化的反应　　　E.酶与底物的结合力

【正确答案】C　　　　　　　　【易错答案】D、E

【答案分析】本题考查的是酶的基本概念。酶是由活细胞产生的对特异性底物具有高效催化功能的生物大分子，酶的活性就是指酶对酶促反应的催化能力，故C项为正确选项。

15.作为酶促反应的机制之一，诱导契合学说是指（　　）

A.结合别构效应剂后，酶分子活性改变

B.酶改变抑制剂构象

C.底物改变酶构象

D.酶原被其他酶激活

E.酶的绝对特异性

【正确答案】C　　　　　　　　【易错答案】A、B

【答案分析】本题考查的是酶促反应的机制之一——诱导契合学说。在酶与底物特异性结合的过程中，在底物的诱导下，酶的构象发生变化，同时底物也因某种化学键的作用而发生形变，底物比较接近它的过渡状态，酶构象的改变与底物的形变彼此诱导契合，降低了反应的活化能，使得反应易于发生。故此题应选择C。

16.在下列辅酶或辅基中，含有硫胺素的是（　　）

A.FMN　　　B.TPP　　　C.NAD^+　　　D.CoA-SH　　　E.FAD

【正确答案】B　　　　　　　　【易错答案】A、C、D、E

【答案分析】本题主要考查的是常见的辅酶、辅基。FAD和FMN中含有核黄素（维生素B_2），NAD^+中含有烟酰胺（维生素PP），CoA-SH中含有泛酸，TPP中含有硫胺素。故此题应选B。

17.全酶中决定酶促反应类型的是（　　）

A.酶的激活剂　　　　B.结合基团　　　　C.辅助因子

D.酶蛋白　　　　　　E.酶的竞争性抑制剂

【正确答案】C　　　　　　　　【易错答案】D

【答案分析】本题考查的是酶的分子组成。全酶是酶蛋白与辅助因子结合后形成的复合物，只有全酶才具有催化活性。酶蛋白决定反应的特异性，辅助因子决定反应的性质和类型。本题选择C。

18.下列有关K_m值的叙述错误的是（　　）

A.K_m值与反应的温度有关

B.K_m值与反应介质的pH有关

C.K_m值愈大，酶与底物的亲和力愈大

D.K_m值与酶的浓度无关

E.K_m值与酶的结构有关

【正确答案】 C 　　　　　　　　　**【易错答案】** A、B、D、E

【答案分析】 本题考查的是米氏方程式中的 K_m 值的含义与意义，K_m 值等于酶促反应速率达到最大反应速率一半时底物浓度，K_m 值越小，酶与底物的亲和力越大，C 项错误。K_m 是酶的特征性常数，只与酶的性质有关，与酶的浓度无关。故此题中应选择 C 选项。

19. 当己糖激酶以葡萄糖为底物时，如 $K_m/[S] = 1/2$，其反应速度是 V_{max} 的（　　）
    A. 9%　　　　　B. 15%　　　　　C. 33%　　　　　D. 50%　　　　　E. 67%

【正确答案】 E 　　　　　　　　　**【易错答案】** C

【答案分析】 本题考查的是米氏方程式：$V=V_{max}[S]/(K_m+[S])$，当 $K_m = 1/2[S]$ 时，根据米氏方程式，可以计算得出 E 项为正确选项。

20. 酶的非竞争性抑制剂具有下列何种动力学效应（　　）
    A. K_m 值降低，V_{max} 不变　　　B. K_m 值增大，V_{max} 不变　　　C. K_m 值不变，V_{max} 不变
    D. K_m 值不变，V_{max} 降低　　　E. K_m 值不变，V_{max} 增大

【正确答案】 D 　　　　　　　　　**【易错答案】** E

【答案分析】 本题考查的是抑制剂对酶促反应速率的影响。酶的抑制作用分为不可逆性抑制和可逆性抑制。可逆性抑制又可分为竞争性抑制作用（V_{max} 不变，K_m 增大）、非竞争性抑制作用（V_{max} 下降，K_m 不变）和反竞争性抑制作用（V_{max} 和 K_m 都变小）。故此题 D 为正确选项。

（二）多选题

1. 关于乳酸脱氢酶的描述，下列选项中正确的是（　　）
    A. 血清中 LDH_1 活性明显升高，与心肌梗死有关
    B. 乳酸脱氢酶有四种同工酶
    C. 乳酸脱氢酶有 4 个亚基
    D. 乳酸脱氢酶亚基有两种类型
    E. 乳酸脱氢酶有 2 个亚基

【正确答案】 ACD 　　　　　　　　**【易错答案】** B、E

【答案分析】 本题考查的是乳酸脱氢酶的同工酶。乳酸脱氢酶（LDH）几乎存在于机体所有组织中，以心脏、骨骼肌和肾脏中最为丰富。LDH 是由骨骼肌型（M）和心肌型（H）两种亚基构成的四聚体，两种亚基以不同的比例组成五种四聚体：LDH_1（H_4）、LDH_2（H_3M）、LDH_3（H_2M_2）、LDH_4（HM_3）、LDH_5（M_4），分子量在 130000～150000 范围内。LDH_1 主要分布在心肌，故心肌受损病人血清 LDH_1 含量升高。LDH_5 主要分布于肝中，故肝细胞受损者 LDH_5 含量升高。综上所述，A、C、D 为正确选项。

2. 下列酶原能被胰蛋白酶激活的有（　　）
    A. 凝血酶原　　　　　　　B. 胃蛋白酶原　　　　　　　C. 羧基肽酶原
    D. 胰蛋白酶原　　　　　　E. 糜蛋白酶原

【正确答案】CDE 　　　　　　　【易错答案】A、B

【答案分析】本题考查的知识点是酶原和酶原的激活。能被胰蛋白酶激活的酶原包括糜蛋白酶原，羧基肽酶原A，胰蛋白酶原。故正确选项为C、D、E。

3. 根据米氏方程式，下列描述正确的有（　　）

A. 当 $[S]\gg K_m$，$V=V_{max}$　　　B. 当 $K_m=1/2[S]$，$V=1/2V_{max}$　　　C. $V=1/2V_{max}$，$K_m=[S]$

D. 当 $[S]\gg K_m$，$V=V_{max}[S]/K_m$　　　E. 当 $[S]\ll K_m$，$V=1/2V_{max}$

【正确答案】AC　　　　　　　【易错答案】B、D、E

【答案分析】本题考查的是米氏方程式：$V=V_{max}[S]/(K_m+[S])$，根据方程式，K_m 值等于酶促反应速率达到最大反应速率 V_{max} 一半时的底物浓度，故A、C正确。在 $[S]$ 很低时，当 $[S]\ll K_m$ 时，方程式可简化为 $V=V_{max}/K_m$，表现为一级反应。随着 $[S]$ 的逐渐增加，方程式中的分母不能再简化，为双曲线形式，V不再随着 $[S]$ 成正比升高，表现为混合级反应。当 $[S]$ 达到相当高时，即 $[S]\gg K_m$ 时，方程式中的分母 $K_m+[S]\approx[S]$，方程式可简化为 $V=V_{max}$，表现为零级反应，故A正确。此题应选择A、C。

4. 需要硫胺素作辅酶成分的酶有（　　）

A. 转酮醇酶　　　　　　B. 转氨酶　　　　　　C. 转硫酶

D. 丙酮酸脱氢酶　　　　E. α-酮戊二酸脱氢酶

【正确答案】ADE　　　　　　　【易错答案】B、C

【答案分析】本题考查的是酶常见的辅酶和辅基。维生素 B_1（硫胺素）在体内的活性形式是焦磷酸硫胺素（TPP），TPP是涉及机体糖代谢中羰基碳（醛和酮）合成与裂解反应的辅酶。故此题中A、D、E为正确答案。

5. 下列酶属于单纯酶的有（　　）

A. 脂酶　　　B. 脲酶　　　C. 核糖核酸酶　　　D. 胃蛋白酶　　　E. 胰淀粉酶

【正确答案】ABCDE　　　　　　　【易错答案】A、B

【答案分析】本题考察的知识点是酶的分子组成。单纯酶是只含有蛋白质的酶，结合酶是由蛋白质和非蛋白质(辅助因子)部分组成。常见的单纯酶有脲酶，淀粉酶，脂肪酶，核糖核酸酶，以及一些消化蛋白酶。故该题全部选择。

6. 对米氏常数（K_m）的描述，正确的选项是（　　）

A. K_m 可以近似的表示酶和底物的亲和力

B. K_m 是当反应速度为 V_{max} 的一半时的底物浓度

C. 同一酶对不同的底物可以有不同的 K_m 值

D. K_m 是一个常数，所以没有单位

E. K_m 是酶的特征性常数，与酶性质有关而与酶浓度无关

【正确答案】ABCE　　　　　　　【易错答案】D

【答案分析】本题考查的是 K_m 值的含义与主要意义。①根据米氏方程式，当 K_m =[S] 时，$V=V_{max}/2$，由此可知，K_m 值等于酶促反应速率达到最大反应速率 V_{max} 一半时底物浓度，单位是 mol/L，与底物浓度的单位一样。K_m 值的测定范围多在 $10^{-6}~10^{-2}$ mol/L。② K_m 是一个特征性常数，K_m 的大小只与酶的性质有关，与酶的浓度无关。K_m 随着测定的底物、反应的温度、pH 及离子强度而改变。③ K_m 值可以判断酶的专一性和天然底物，有的酶可以作用于多种底物，就有几个 K_m 值，其中 K_m 最小的底物对酶的亲和力最大，称为该酶的最适底物，也就是天然底物。

7. 酶与底物合成复合物，并催化底物转变成产物，其机理大致有如下几种（　　）
A. 酸碱催化作用　　　　B. 趋近作用　　　　C. 共价催化作用
D. 定向作用　　　　　　E. 亲核攻击作用
【正确答案】ABCD　　　　【易错答案】E
【答案分析】本题考查的是酶促反应的机制。酶促反应的机制主要包括：底物和酶的邻近效应与定向效应，底物的形变和诱导契合，酸碱催化，共价催化，金属离子催化，多元催化和协同效应，以及活性部位微环境的影响等多种酶催化反应的机制。

8. 不可逆性抑制剂是（　　）
A. 是抑制剂与酶结合后用透析等方法不能除去的抑制剂
B. 与底物结构相似的抑制剂
C. 是与酶分子以共价键结合的抑制剂
D. 是使酶变性失活的抑制剂
E. 是特异的与酶活性中心结合的抑制剂
【正确答案】AC　　　　【易错答案】E
【答案分析】此题主要考查不可逆性抑制剂对酶促反应速率的影响。抑制剂与酶必需基团共价结合，酶活性丧失，不能用透析、超滤等物理方法除去抑制剂而使酶恢复活性，必须用化学方法恢复活性。常见的不可逆抑制剂有：有机磷化合物（敌敌畏、敌百虫等），有机砷（汞）化合物（路易斯毒气、有机汞化合物等），烷化剂（碘乙酸、碘乙酰胺等），重金属离子（Ag^+、Hg^+、Pb^+、Cu^{2+}、Fe^{2+}、Fe^{3+} 等）等。故此题应选择 A、C。

9. 下列属于共价修饰与别构调节共同点的有（　　）
A. 调节剂（修饰基团）与酶的结合是由酶所催化
B. 导致被修饰（调节）酶活性的改变
C. 两者可相互协作
D. 两者均不耗能
E. 两者均为可逆性调节因素
【正确答案】BCE　　　　【易错答案】A、D
【答案分析】本题考查的是细胞内酶活性的调节。调节关键酶活性的方式有变构调节和共价修饰调节两种方式，均属快速调节。某些小分子能与酶分子活性中心以外的某一部位特异结合，引起酶蛋白空间构象改变，别构调节，又叫变构调节。受别构调节的酶称为别构酶。别构酶往往含有催化亚基和调节亚基。酶蛋白肽链上某些氨基酸残基可在另一种酶的催化下发生化学修饰，使共价结合或脱去某些化学集团，从而改变酶的活性，这种调节方式称为化学修饰，也称共价修饰调节。故此题应选择B、C、E。

10. 下列关于同工酶的描述正确的有（　　　）
    A. 存在于同一组织的同一细胞
    B. 催化的化学反应相同
    C. 理化性质相同
    D. 存在于同一个体的不同组织
    E. 酶蛋白分子结构不同

【正确答案】ABDE　　　　　【易错答案】C

【答案分析】本题考查的是同工酶的概念。同工酶是指催化的化学反应相同，酶蛋白的分子结构、理化性质乃至免疫学性质不同的一组酶。这类酶分布于生物的同一种属或同一个体的不同组织、甚至同一组织或细胞的不同亚细胞结构中。分布的不同决定了其在体内不同的功能。可以用电泳法、色谱法（层析法）、化学抑制法、免疫抑制法、热失活法等测定同工酶，其中以电泳法最为常用。

（三）名词解释题

1. 底物的协同效应

【正确答案】别构酶分子一般为寡聚体，由两种以上亚基组成，当底物与其中一个亚基的调节部位作用时，通过构象改变可以增强或降低另一亚基与底物的作用从而出现正协同或负协同效应。

2. 非竞争性抑制

【正确答案】它的作用特点是不能通过增加底物浓度去减弱抑制作用，抑制程度仅决定于抑制剂的浓度，与底物浓度无关。这类抑制剂不与酶活性中心结合，酶与抑制剂结合后，还能与底物结合形成ESI复合物，因此不会发生竞争现象，这种抑制作用称为非竞争抑制。

3. 变构效应

【正确答案】生物体内的有些酶受到变构调节。即变构效应剂与酶的调节亚基结合引起酶结构变化而改变酶的活性，这种调节方式称为变构效应。

4. 同工酶

【正确答案】催化同一反应，但其分子结构、理化性质和免疫学性质等都不同的一组酶。

5. 酶

【正确答案】酶是由活细胞合成的具有催化功能的生物分子，包括蛋白质和核酸。

(四)简答题

1. 简述酶的概念?酶与一般催化剂有什么区别?

【正确答案】 酶是一类在活细胞中生成对特异性底物具有高效催化功能的生物大分子,化学本质属于蛋白质或核酸的生物催化剂,它在细胞内可起作用,但在一定条件下也可以在体外起催化作用。

酶与一般催化剂的区别:①酶有高度的不稳定性,易受物理化学因素如高温,紫外线,重金属盐,强酸,强碱,振动等影响而发生变化,丧失催化活性。②酶有高度的催化效率,酶的催化效率通常比一般催化剂高 10^6~10^{12} 倍。③酶有高度的专一性,即酶对底物有严格的选择性。某一类酶往往只对某一类物质起作用,一般无机催化剂无这样严格的选择性。④酶促反应有可调节性,对酶促反应的调节作用是维持物质代谢动态平衡的重要环节,调节方式包括酶原的激活、对酶合成与降解的调节、酶的化学修饰调节与变构调节,同工酶等。

2. 磺胺是一种抗菌药物,请简述磺胺抗菌的机理。

【正确答案】 磺胺与对氨基苯甲酸(PABA)具有类似的结构。PABA、二氢蝶呤和谷氨酸是合成二氢叶酸(FH_2)的原料,而 FH_2 又可转变为四氢叶酸(FH_4)。FH_4 是细菌合成核酸不可缺少的辅酶,由于磺胺药能与 PABA 竞争二氢叶酸合成酶的活性中心。FH_2 的合成受到抑制,FH_4 也随之减少,使核酸合成障碍,导致细菌死亡。

3. 酶为什么能加快反应速度?请简述其工作原理。

【正确答案】 酶与底物形成中间复合物,大大降低活化能,产生很多活化分子,参加化学反应,所以能加快反应速度。其原理大致与以下几个方面有关:①接近与定向。酶分子中活性基团与底物分子的相应部位因诱导契合而紧密接近,并取得正确的方向,底物分子因而易被催化。加快了反应速度。②变形。底物分子受酶的诱导可发生变形,其反应键被拉紧,稳定性减弱以致反应可加速进行。③广义酸碱催化作用。酶分子中氨基酸侧链基团可作为通常的质子供体或受体起着酸碱催化作用,此种方式加速反应速度一般在 10~100 倍。④共价催化作用。酶与底物形成共价结合的中间物,它限制底物分子在活性中心处的活动,使作用物易被催化而进行反应,以上几种方式在酶催化的作用中可以互相结合,以加快反应的进行。⑤亲核/亲电子催化作用。酶分子中氨基酸侧链基团可作为电子受体或供体,与底物之间形成临时共价键,加快反应速度。

第五章　生物氧化

◎ 重点 ◎

1. 呼吸链成分及其作用
2. 体内重要的呼吸链
3. 氧化磷酸化和底物水平磷酸化
4. 胞质内 NADH 的氧化

◎ 难点 ◎

1. 氢原子和电子的传递顺序
2. 氧化磷酸化的偶联部位
3. ATP 的计算

常见试题

(一) 单选题

1. 下列关于 ATP 的说法，哪一项是不正确的（　　）

A. 体内合成反应所需要的能量都以 ATP 直接供给

B. 能量的生成，贮存和利用都以 ATP 为中心

C. ATP 的化学能可以转变成机械能，渗透能，电能，热能等

D. ADP 和 ATP 的含量是调节氧化磷酸化的因素

E. ATP 主要由生物体的氧化磷酸化偶联作用中生成

【正确答案】A　　　　　　　【易错答案】B

【答案分析】本题考查的是 ATP 的生成和利用。在体内 ATP 为大部分的合成反应提供能量，但某些合成反应还需要其他形式的高能化合物，例如，糖原的合成需要 UTP，甘油磷脂的合成需要 CTP，蛋白质的合成需要 GTP，A 项说法过于绝对，因此该项不正确。在生物合成反应中，物质氧化分解产生的能量需要转化 ATP 才能供机体利用，ATP 位于中心地位，故 B 项是正确的。

2. 下列哪一化合物中不含有高能磷酸键（　　）

　　A. 3-磷酸甘油醛　　　　　B. 1,3-二磷酸甘油酸　　　　　C. 磷酸肌酸

　　D. 磷酸烯醇式丙酮酸　　　E. 三磷酸鸟苷

【正确答案】A　　　　　　　　【易错答案】B、C、D、E

【答案分析】本题考查的是常见的高能磷酸化合物。3-磷酸甘油醛含有的是低能磷酸键，1,3-二磷酸甘油酸和磷酸烯醇式丙酮酸来自于糖酵解的底物水平磷酸化，均产生高能磷酸键，磷酸肌酸是肌肉中 ATP 能量的储存形式，三磷酸鸟苷和 ATP 结构类似，因此两者也都是高能磷酸化合物，故本题应选 A。

3. 下列关于底物水平的磷酸化的描述正确的是（　　）

　　A. 底物分子上脱氢传递给氧产生能量，生成 ATP 的过程

　　B. 底物中的高能键直接转移给 ADP 生成 ATP 的过程

　　C. 体内产生高能磷酸化合物的主要途径

　　D. 底物分子的磷酸基团被氧化，释放出大量能量的过程

　　E. 底物氧化的能量导致 AMP 磷酸化生成 ATP 的过程

【正确答案】B　　　　　　　　【易错答案】A、C

【答案分析】本题考查的是底物水平磷酸化和氧化磷酸化概念的理解。底物水平磷酸化指的是在分解代谢过程中，底物在发生脱氢或脱水反应时，其分子内部的能量重新分布形成高能化合物，然后将高能化合物分子上的高能基团转移给 ADP 生成 ATP 的过程，故 B 项是正确的。A 和 C 指的是氧化磷酸化，因此是错误的。

4. 下列化合物脱下氢不经 NADH 氧化呼吸链所传递的（　　）

　　A. 苹果酸　　　　　　　B. 异柠檬酸　　　　　　　C. 丙酮酸

　　D. α-酮戊二酸　　　　　E. 脂酰 CoA

【正确答案】E　　　　　　　　【易错答案】A、B、C、D

【答案分析】本题考查的是脱氢酶的辅酶。苹果酸脱氢酶、异柠檬酸脱氢酶、丙酮酸脱氢酶复合体及 α-酮戊二酸脱氢酶复合体所使用的辅酶均为 NAD^+，而脂酰 CoA 脱氢酶使用的辅酶是 FAD，因此不经 NADH 氧化呼吸链所传递，故答案选 E。

5. 1 分子琥珀酸脱下的 2H 经呼吸链传递与氧结合成水生成 ATP 分子数是（　　）

　　A. 1　　　B. 1.5　　　C. 2.5　　　D. 2　　　E. 5

【正确答案】B　　　　　　　　【易错答案】C

【答案分析】本题考查的是琥珀酸脱氢进入的呼吸链。琥珀酸脱氢酶的辅酶是 FAD，因此琥珀酸脱下的氢进入 $FADH_2$ 氧化呼吸链，故生成 1.5 个 ATP，NADH 氧化呼吸链可生成 2.5 个 ATP，因此本题答案选 B。

6. 能传递两个完整氢原子的呼吸链成分是（　　）

　　A. NAD^+　　　　　　　B. 铁硫蛋白　　　　　　　C. 辅酶 Q

　　D. 细胞色素 c　　　　　E. 细胞色素 b

【正确答案】C 　　　　　　　　　【易错答案】A、B、D、E

【答案分析】本题考查的是呼吸链各成分的作用。铁硫蛋白、细胞色素b和c均为电子传递体，故A、D、E均不正确。NAD^+在递氢时接受的是1个完整的氢原子和1个电子，另一个H^+被游离出来，因此A也是错误的。只有辅酶Q每次可以传递两个完整的氢原子，故本题答案选C。

7. 下列哪些化合物脱下的氢可进入$FADH_2$氧化呼吸链（　　）

　　A. 异柠檬酸　　　　　　B. α-酮戊二酸　　　　　　C. 苹果酸

　　D. 琥珀酸　　　　　　　E. 丙酮酸

【正确答案】D 　　　　　　　　　【易错答案】E

【答案分析】本题考查的是$FADH_2$氧化呼吸链。异柠檬酸脱氢酶、α-酮戊二酸脱氢酶复合体、苹果酸脱氢酶和丙酮酸脱氢酶复合体均以NAD^+为辅酶，因此脱下的氢可进入NADH氧化呼吸链，而琥珀酸脱氢酶属于黄素蛋白酶类，其辅基为FAD，脱下的氢进入琥珀酸氧化呼吸链，因此本题正确选项为D。

8. 在心肌，一分子葡萄糖经有氧氧化彻底氧化分解生成ATP的数是（　　）

　　A. 18　　　B. 22　　　C. 30　　　D. 32　　　E. 38

【正确答案】D 　　　　　　　　　【易错答案】C

【答案分析】本题考查的是糖有氧氧化生成ATP的计算。葡萄糖的有氧氧化包括3个阶段，第一阶段1分子葡萄糖分解为2分子丙酮酸，生成2个ATP，同时在心肌细胞质中产生了2个$NADH+H^+$，可通过苹果酸-天冬氨酸穿梭进入NADH氧化呼吸链生成5个ATP，因此第一阶段最终可生成7个ATP；第二阶段在线粒体中2分子丙酮酸生成2分子乙酰辅酶A，同时产生2个$NADH+H^+$，进入NADH氧化呼吸链可得到5个ATP；第三阶段2分子乙酰辅酶A进入三羧酸循环，每分子乙酰辅酶A可直接生成1个GTP，同时产生3个$NADH+H^+$及1个$FADH_2$，进入相应呼吸链可生成9个ATP，共20分子。因此，在心肌中，1分子葡萄糖通过有氧氧化彻底分解可生成32个ATP，因此本题正确答案为D。如果发生在脑和骨骼肌，则第一阶段生成5个ATP，共产生30个ATP，选择C选项。

9. 关于葡萄糖的生物氧化与体外燃烧，下列说法正确的是（　　）

　　A. 终产物完全相同　　　　B. 总能量不同　　　　C. 耗氧量不同

　　D. 反应所需活化能相同　　E. 反应条件相似

【正确答案】A 　　　　　　　　　【易错答案】B、C、D、E

【答案分析】本题考查的是生物氧化和体外燃烧的异同。葡萄糖的生物氧化和体外燃烧相比，耗氧量、终产物和释放能量均相同，因此选项A正确，B和C错误。两者不同点是，生物氧化是在生理条件下的酶促反应，因此反应条件不同，生物氧化所需活化能更少，因此D和E均不正确，故本题正确答案为A。

10. 一氧化碳中毒的机制为（   ）

A. 使 Cytc 与线粒体内膜分离

B. 抑制电子由 Cytb 向 $Cytc_1$ 传递

C. 切断由 NADH 脱氢酶氧化底物产生的氢进入呼吸链

D. 阻断氢由 FAD 向泛醌的传递

E. 阻断电子由 $Cytaa_3$ 传递给氧

【正确答案】E　　　　　　　　【易错答案】B、C、D

【答案分析】本题考查的是一氧化碳对呼吸链的抑制。一氧化碳、氰化物是呼吸链抑制剂，可阻断电子由 $Cytaa_3$ 传递给氧，使细胞无法利用氧气，从而造成细胞呼吸停止，机体迅速死亡。另外，异戊巴比妥、鱼藤酮可抑制铁硫蛋白到泛醌的电子传递，抗霉素A、二巯丙醇可抑制电子由 Cytb 向 $Cytc_1$ 传递。故本题正确答案为 E。

11. 离体肝线粒体中加入氰化物和丙酮酸，其 P/O 比值是（   ）

A. 3　　　　B. 2　　　　C. 0　　　　D. 1　　　　E. 4

【正确答案】C　　　　　　　　【易错答案】A、B、D

【答案分析】本题考查的是氰化物对呼吸链的抑制及 P/O 计算。氰化物是呼吸链抑制剂，可阻断电子由 $Cytaa_3$ 传递给氧，使细胞无法利用氧气，从而造成细胞呼吸停止，需要注意的是呼吸链任一环节被阻断，能量均无法产生，因此加入丙酮酸后，其脱下的氢和电子无法传递给氧气，能量合成障碍，无法驱动 ATP 的合成，P/O 为 0，故本题正确答案为 C。

12. 下列三羧酸循环的反应中，不能为呼吸链提供氢原子的是（   ）

A. 柠檬酸→异柠檬酸　　　　B. 异柠檬酸→α-酮戊二酸

C. 琥珀酸→延胡索酸　　　　D. 苹果酸→草酰乙酸

E. α-酮戊二酸→琥珀酰辅酶A

【正确答案】A　　　　　　　　【易错答案】B、C、D、E

【答案分析】本题考查的是三羧酸循环中脱氢反应。三羧酸循环中共四步脱氢反应，分别为异柠檬酸→α-酮戊二酸，α-酮戊二酸→琥珀酰辅酶A，琥珀酸→延胡索酸，苹果酸→草酰乙酸，需要注意的是琥珀酸→延胡索酸脱氢传递给 FAD，其余均为 NAD^+。而柠檬酸→异柠檬酸是先脱水再加水，不为呼吸链提供氢原子，因此本题正确答案为 A。

13. 体内 CO_2 来自（   ）

A. 呼吸链的氧化还原过程　　B. 碳原子被氧原子氧化　　C. 有机酸脱羧

D. 糖原分解　　　　　　　　E. 蛋白质降解

【正确答案】C　　　　　　　　【易错答案】A、B

【答案分析】本题考查的是体内 CO_2 来源。A 选项呼吸链的氧化还原过程是水的生成途径，B 选项碳原子被氧原子氧化是体外燃烧时 CO_2 的生成方式，D 选项糖原分解产物是葡萄糖，E 选项蛋白质降解的产物是氨基酸。生物体 CO_2 来自于有机物的脱羧反应，包括 α-单纯脱羧、

α-氧化脱羧、β-单纯脱羧及β-氧化脱羧四种方式，因此本题正确答案为C。

14. 下列关于线粒体氧化磷酸化解偶联的叙述，正确的是（　　）

　　A. ADP磷酸化作用加速氧的利用

　　B. ADP磷酸化作用继续，但氧利用停止

　　C. ADP磷酸化停止，但氧利用继续

　　D. ADP磷酸化无变化，但氧利用停止

　　E. ADP磷酸化停止，氧利用停止

【正确答案】C　　　　　　　【易错答案】A、B、D、E

【答案分析】本题考查的是线粒体氧化磷酸化解偶联。解偶联剂能增大线粒体内膜对H^+的通透性，并不影响呼吸链对电子的传递作用，氧化过程可以进行，但跨过线粒体内膜进入胞质侧的H^+不经过ATP合酶回流，而是通过其他途径流回线粒体基质，消除了H^+梯度，使氧化与磷酸化作用脱偶联，氧化释放的能量全部以热能形式散发，因而无ATP生成，故C选项是正确的。

15. 下列不属于呼吸链组分的化合物是（　　）

　　A. CoQ　　　B. FAD　　　C. Cytb　　　D. 肉碱　　　E. 铁硫蛋白

【正确答案】D　　　　　　　【易错答案】A、B、C、E

【答案分析】本题考查的是呼吸链的组成。呼吸链的组分包括NADH脱氢酶、黄素蛋白酶、铁硫蛋白、泛醌和细胞色素，肉碱是乙酰辅酶A的转运体，不参与呼吸链的传递，因此本题正确答案为D。

16. 呼吸链中既是递电子体又是递氢体的化合物是（　　）

　　A. 铁硫蛋白　　　　　　B. 细胞色素b　　　　　　C. 细胞色素c

　　D. 细胞色素a_3　　　　E. 辅酶Q

【正确答案】E　　　　　　　【易错答案】A、B、C、D

【答案分析】本题考查的是呼吸链各组分的功能。呼吸链的组分包括NADH脱氢酶、黄素蛋白酶、铁硫蛋白、泛醌和细胞色素，其中铁硫蛋白和细胞色素是递电子体，NADH脱氢酶、黄素蛋白和泛醌（辅酶Q）是递氢体，而递氢体同时也是递电子体，因此本题正确答案为E。

17. 下列关于细胞色素的叙述哪项是正确的（　　）

　　A. 均为递氢体

　　B. 均为递电子体

　　C. 都可与一氧化碳结合并失去活性

　　D. 辅基均为血红素

　　E. 只存在于线粒体

【正确答案】B　　　　　　　【易错答案】A、C、D、E

【答案分析】本题考查的是细胞色素的相关知识。呼吸链中的细胞色素包括b、c、c_1、a和

a_3，均为递电子体，因此 A 选项错误，B 选项正确。细胞色素中只有细胞色素 aa_3 可与一氧化碳结合，C 选项错误。细胞色素的辅基均为铁卟啉，D 选项错误。除线粒体之外，微粒体也存在细胞色素，如 P450，因此 E 选项错误。故本题正确答案为 B。

18. 甲亢患者不会出现（　　）

A. 耗氧增加　　　　　　B. ATP 生成增多　　　　　　C. ATP 分解减少

D. ATP 分解增加　　　　E. 基础代谢率升高

【正确答案】C　　　　　　【易错答案】B、D

【答案分析】本题考查的是甲状腺激素对氧化磷酸化的调节作用。甲状腺激素能够诱导细胞膜上的 Na^+,K^+-ATP 酶的生成，从而促进 ATP 分解为 ADP，ADP 浓度升高后可促进氧化磷酸化的进行，加速体内营养物质的氧化分解，使细胞的耗氧量和产热量增加。因此，甲亢患者常出现基础代谢率升高，耗氧量增加，ATP 分解增加，ADP 浓度上升，从而促进了 ATP 的生成增加，因此本题正确答案为 C。

19. 影响氧化磷酸化的最主要因素是（　　）

A. ATP/ADP　　B. $FADH_2$　　C. NADH　　D. ATP/AMP　　E. 细胞色素 aa_3

【正确答案】A　　　　　　【易错答案】D

【答案分析】本题考查的是影响氧化磷酸化的因素。当机体 ATP 利用增多，ADP 浓度升高，其进入线粒体促使氧化磷酸化速度加快，反之当 ATP 消耗减少时，氧化磷酸化速度减慢，因此调节氧化磷酸化的最主要因素是 ATP/ADP，故本题正确答案为 A。

20. 可将胞液中的 $NADH+H^+$ 上的 H 转移进线粒体的是（　　）

A. 肉碱　　　　　　B. 苹果酸　　　　　　C. 草酰乙酸

D. α-酮戊二酸　　　E. 天冬氨酸

【正确答案】B　　　　　　【易错答案】A、E

【答案分析】本题考查的是细胞质 NADH 的氧化。当在脑和骨骼肌细胞质生成了 $NADH+H^+$，需要借助于 3-磷酸甘油穿梭；心肌和肝脏细胞质中生成的 $NADH+H^+$，则需要借助于苹果酸-天冬氨酸穿梭，其中苹果酸把胞液中的 $NADH+H^+$ 上的 H 转移进线粒体，肉碱用于转运乙酰辅酶 A，故本题正确答案为 B。

（二）多选题

1. 经 3-磷酸甘油穿梭将氢原子带入线粒体后，传递给氧的过程中传递体有（　　）

A. FMA　　B. FAD　　C. CoQ　　D. NAD^+　　E. $NADP^+$

【正确答案】BC　　　　　　【易错答案】D

【答案分析】本题考查的是氢原子经 3-磷酸甘油穿梭后进入的呼吸链。在脑和骨骼肌细胞质中生成的 $NADH+H^+$ 经 3-磷酸甘油穿梭后进入线粒体，线粒体内膜的 3-磷酸甘油脱氢酶以 FAD 为辅基，因此进入 $FADH_2$ 氧化呼吸链，传递体包括 FAD，铁硫蛋白，CoQ，细胞色素，不需要经过 NAD^+ 的传递，D 项是错误的，因此本题正确答案为 B、C。

2. FADH$_2$氧化呼吸链的递氢体有（　　）

A. 黄素单核苷酸　　　　B. 黄素腺嘌呤二核苷酸　　　　C. 辅酶A

D. 辅酶Q　　　　E. 烟酰胺腺嘌呤二核苷酸

【正确答案】BD　　　　【易错答案】A、E

【答案分析】本题考查的是琥珀酸氧化呼吸链的组分及功能。琥珀酸氧化呼吸链中递氢体包括黄素腺嘌呤二核苷酸和辅酶Q，而黄素单核苷酸和烟酰胺腺嘌呤二核苷酸是NADH氧化呼吸链中的递氢体，故A、E选项是错误的，因此本题正确答案为B、D。

3. 下列哪些因素可影响氧化磷酸化的速度（　　）

A. 寡霉素可以抑制呼吸链中电子的传递作用

B. ADP/ATP比值对氧化磷酸化有调节作用

C. 甲状腺激素可以抑制ADP的磷酸化作用

D. 呼吸链抑制剂均可以抑制电子的传递反应

E. 机体水的摄入量

【正确答案】BD　　　　【易错答案】A、C

【答案分析】本题考查的是影响氧化磷酸化的因素。抗霉素A抑制呼吸链中电子从细胞色素b到c_1的传递作用，而不是寡霉素，故A项错误。甲状腺激素能够诱导细胞膜上的Na^+,K^+-ATP酶的生成，从而促进ATP分解为ADP，ADP浓度升高后可促进氧化磷酸化的进行，可以加快ADP的磷酸化作用，故C项错误。当机体ATP利用增多，ADP浓度升高，其进入线粒体促使氧化磷酸化速度加快，反之当ATP消耗减少时，氧化磷酸化速度减慢，因此，ADP/ATP比值对氧化磷酸化有调节作用，B项正确。呼吸链任一环节被阻断，电子均无法传递给氧气，能量无法产生，D项正确。故本题正确答案为B、D。

4. 线粒体内重要的呼吸链有（　　）

A. 以NAD$^+$为辅酶的呼吸链　　　　B. 以细胞色素氧化还原开始的呼吸链

C. 以FAD为辅酶的呼吸链　　　　D. 以NADPH氧化开始的呼吸链

E. 以FMNH氧化开始的氧化呼吸链

【正确答案】AC　　　　【易错答案】D、E

【答案分析】本题考查的是体内的两条呼吸链。体内主要存在两条呼吸链，大多数脱氢酶以NAD$^+$为辅酶，称为NADH氧化呼吸链；另有部分脱氢酶如琥珀酸脱氢酶属于黄素蛋白酶，以FAD为辅酶，称为FADH$_2$氧化呼吸链，因此本题正确答案为A、C。

5. 下列属于高能化合物的是（　　）

A. 乙酰CoA　　　　B. 1,6-二磷酸果糖　　　　C. 1,3-二磷酸甘油酸

D. 2,3-二磷酸甘油酸　　　　E. 磷酸烯醇式丙酮酸

【正确答案】ACE　　　　【易错答案】B、D

【答案分析】本题考查的是高能化合物。高能化合物包括高能硫酯化合物，如乙酰辅酶A，

选项 A 正确。还包括高能磷酸化合物，如糖酵解中两次底物水平磷酸化过程中底物脱氢生成的 1,3-二磷酸甘油酸和脱水生成的磷酸烯醇式丙酮酸，选项 C、E 正确，D 错误。另外，1,6-二磷酸果糖含有的两个磷酸键均为低能键，B 选项错误。因此本题正确答案为 A、C、E。

6. NADH 氧化呼吸链中氧化磷酸化的偶联部位发生在（　　）
   A. CoQ → Cytc 之间　　　　B. Cytc → O_2 之间　　　　C. NADH → CoQ 之间
   D. FAD → CoQ 之间　　　　E. Cytc → Cytaa_3 之间
   【正确答案】ABC　　　　　【易错答案】D、E
   【答案分析】本题考查的是氧化磷酸化的偶联部位。通过测定自由能变化 NADH → CoQ，CoQ → Cytc 及 Cytc → O_2 三个部位的自由能变化为 52.1，40.5 和 112.3 kJ/mol，而每生成 1mol ATP 约 30.5 kJ 的能量，因此这 3 个部位均能为 ATP 的生成提供足够的能量，是氧化磷酸化的偶联部位。故本题正确答案为 A、B、C。

7. 线粒体内琥珀酸脱下的氢传递给氧的过程需要（　　）
   A. CoQ　　B. FAD　　C. CoA　　D. Cytp450　　E. Cytaa_3
   【正确答案】ABE　　　　　【易错答案】C、D
   【答案分析】本题考查的是琥珀酸氧化呼吸链的组成。琥珀酸氧化呼吸链包括 FAD、CoQ、Cytb、Cytc_1、Cytc、Cytaa_3，因此选项 A、B、E 正确，C 选项错误。Cytp450 存在于微粒体，D 选项错误。故本题正确答案为 A、B、E。

8. 下列关于细胞色素的叙述正确的有（　　）
   A. 均以铁卟啉为辅基　　　　B. 铁卟啉中的铁离子的氧化还原是可逆的
   C. 均为电子传递体　　　　　D. 均可被氰化物抑制
   E. 均可被一氧化碳抑制
   【正确答案】ABC　　　　　【易错答案】D、E
   【答案分析】本题考查的是细胞色素的电子传递。呼吸链中的细胞色素包括 b、c_1、c、aa_3，均以铁卟啉为辅基，通过铁卟啉中的铁离子的氧化还原来传递电子，因此选项 A、B、C 均是正确的。氰化物和一氧化碳只与细胞色素 aa_3 结合，抑制电子传递给氧气，因此选项 D、E 是错误的。

（三）名词解释

1. 生物氧化
【正确答案】物质在生物体内进行氧化称为生物氧化，主要是指糖、脂肪、蛋白质等在体内分解时逐步释放能量，最终生成二氧化碳与水的过程。

2. 氧化磷酸化
【正确答案】代谢物脱下的氢经电子传递链至氧生成 H_2O 而释放出的能量，用以磷酸化 ADP 生成 ATP。氧化和磷酸化反应是偶联在一起的，称为氧化磷酸化。

3. 呼吸链

【正确答案】位于线粒体内膜上的一系列的递氢和递电子体，按一定顺序排列，其功能为将还原氢传递给氧生成水，同时释放出的能量用于ATP合成。

4. 底物水平磷酸化

【正确答案】代谢物在脱氢或脱水的过程中，分子内部能量重新分布，形成高能磷酯键或硫酯键，打断该键，高能磷酸基团交给ADP使其磷酸化生成ATP的代谢过程称为底物水平磷酸化。

5. P/O 比值

【正确答案】氧化磷酸化过程中，每消耗1mol氧原子时消耗无机磷酸的摩尔数。

（四）简答题

1. 人体生成ATP的方式有哪几种？请举例说明。

【正确答案】ATP是生物体内能量的储存和利用中心，其生成或来源主要有2种，一种是底物水平磷酸化，另一种是氧化磷酸化。具体过程如下：

（1）底物水平磷酸化：利用代谢物分子中的能量使ADP磷酸化生成ATP的过程，称为底物水平磷酸化，在物质分解利用过程中，有3个典型的底物水平磷酸化反应，糖酵解过程中，磷酸甘油酸激酶催化1,3-二磷酸甘油酸生成三磷酸甘油酸，以及丙酮酸激酶催化磷酸烯醇式丙酮酸生成烯醇式丙酮酸这两步反应均伴有ADP磷酸化生成ATP，三羧酸循环中琥珀酰CoA合成酶催化琥珀酰CoA生成琥珀酸，同时催化P_i和GDP生成GTP，而GTP又可在酶促作用下将能量转移生成ATP。

（2）氧化磷酸化：即在呼吸链电子传递过程中偶联ADP磷酸化，生成ATP。如物质脱下的2H经NADH氧化呼吸链可偶联生成2.5个ATP；经琥珀酸氧化呼吸链则偶联生成1.5个ATP。

2. 给大鼠注射二硝基酚（DNP）可引起其体温立即升高，请说明其机理。

【正确答案】二硝基酚是氧化磷酸化的脱偶联剂，使P/O比值下降，此时呼吸链电子传递仍可以进行，但释放能量不能合成ATP而是以热能释放，使体温升高，这是由于DNP使线粒体内膜对质子通透性增加，失去质子梯度，因此ATP的形成受到抑制。

3. NADH氧化呼吸链和琥珀酸氧化呼吸链有何区别？

【正确答案】（1）NADH氧化呼吸链以多数脱氢酶的底物如乳酸、丙酮酸、异柠檬酸、苹果酸等为供氢体，H的传递顺序为：NADH→FMN（FeS）→CoQ→Cytb→c_1→c→aa_3→O_2，偶联部位有三个：NADH→CoQ；CoQ→Cytc；Cytaa_3→O_2。P/O比值为2.5。

（2）琥珀酸氧化呼吸链从底物如磷酸甘油、琥珀酸等脱氢，脱下的2H经：琥珀酸→FAD（FeS）→CoQ→Cytb→c_1→c→aa_3→O_2，偶联部位有二个：CoQ→Cytc；Cytaa_3→O_2。P/O比值为1.5。

第六章　糖代谢

◎ 重点 ◎

1. 糖酵解
2. 糖的有氧氧化
3. 磷酸戊糖途径的生理意义
4. 糖原合成与分解
5. 糖异生

◎ 难点 ◎

1. 糖酵解的反应过程
2. 三羧酸循环的反应过程
3. 糖异生的反应过程

常见试题

（一）单选题

1. 下列激素不能使血糖浓度升高的是（　　）

A. 生长素　　　　　　B. 肾上腺素　　　　　　C. 胰岛素

D. 胰高血糖素　　　　E. 糖皮质激素

【正确答案】C　　　　　　【易错答案】A、B、E

【答案分析】本题考查的是调节血糖的激素。生长激素可抑制外周组织对葡萄糖的利用；肾上腺素可促进糖异生，促进糖原分解、肌糖原酵解；胰高血糖素可抑制肝糖原合成，促进肝糖原分解，促进糖异生作用，促进脂肪动员，减少糖的利用；糖皮质激素可促进肌肉蛋白分解，加速糖异生，抑制肝外组织摄取利用葡萄糖。因此，生长素、肾上腺素、胰高血糖素和糖皮质激素均可使血糖浓度升高。在体内能够降低血糖的激素只有胰岛素，故本题应选C。

2. 成熟的红细胞主要以糖酵解供能的原因是（　　）

A. 缺氧　　　　　　　B. 缺少TPP　　　　　　C. 缺少辅酶A

D. 缺少线粒体　　　　E. 缺少微粒体

【正确答案】D　　　　　　【易错答案】A

【答案分析】本题考查的是糖酵解的生理意义。糖酵解是机体在相对缺氧的情况下快速补充能量的一种有效方式,对肌肉组织尤为重要;另外,某些组织有氧时也通过糖酵解获得能量,例如成熟的红细胞由于没有线粒体,无法进行有氧氧化,即便在有氧条件下,仍完全依靠糖酵解获能,并不是因为缺氧导致的,因此,A选项是错误的,故本题应选D。

3. 在糖异生过程中,2分子丙氨酸生成葡萄糖需消耗几分子ATP(GTP)(　　)
A. 3　　　B. 4　　　C. 5　　　D. 6　　　E. 8
【正确答案】D　　　　　　【易错答案】A

【答案分析】本题考查的是生糖氨基酸进行糖异生的能量计算。以丙氨酸为起点的糖异生过程的耗能反应共有三步:①丙酮酸→草酰乙酸,消耗1分子ATP;②草酰乙酸→磷酸烯醇式丙酮酸,消耗1分子GTP;③3-磷酸甘油酸→1,3-二磷酸甘油酸,消耗1分子ATP。需要注意的是2分子丙酮酸才可生成1分子葡萄糖,因此三步耗能反应共消耗6分子ATP(GTP),A选项是错误的,故本题应选D。

4. 下列代谢过程哪项是错误的(　　)
A. 乙酰CoA→脂肪酸　　B. 乙酰CoA→葡萄糖　　C. 乙酰CoA→胆固醇
D. 乙酰CoA→CO_2+H_2O　　E. 乙酰CoA→酮体
【正确答案】B　　　　　　【易错答案】A、C、D、E

【答案分析】本题考查的是乙酰CoA在体内的转化。乙酰CoA是体内糖类、脂类和蛋白质代谢的重要中间产物,参与多种分解和合成反应,包括:①合成脂肪酸的原料;②合成胆固醇的原料;③合成酮体的原料;④进入三羧酸循环分解产生二氧化碳和水,因此,选项A、C、D、E都是可以发生的。需要注意的是,乙酰CoA不能异生为糖,故答案选B。

5. 下列酶不参与糖有氧氧化的是(　　)
A. 己糖激酶　　B. 丙酮酸脱氢酶系　　C. 磷酸己糖异构酶
D. 烯醇化酶　　E. 乙酰辅酶A羧化酶
【正确答案】E　　　　　　【易错答案】A、B、C、D

【答案分析】本题考查的是参与有氧氧化的酶类。己糖激酶催化葡萄糖→6-磷酸葡萄糖;丙酮酸脱氢酶系催化丙酮酸→乙酰CoA;磷酸己糖异构酶催化6-磷酸葡萄糖→6-磷酸果糖;烯醇化酶催化2-磷酸甘油酸→磷酸烯醇式丙酮酸,因此A、B、C、D均参与糖的有氧氧化。乙酰辅酶A羧化酶催化乙酰CoA→草酰乙酸,该反应是糖异生的关键反应之一,因此该酶不参与糖有氧氧化,故本题答案选E。

6. 下列化合物与糖原合成无关的是(　　)
A. ATP　　B. 引物　　C. CO_2　　D. 磷酸葡萄糖变位酶　　E. 葡萄糖激酶
【正确答案】C　　　　　　【易错答案】A、B、D、E

【答案分析】本题考查的参与糖原合成的物质。糖原合成第一步反应葡萄糖→6-磷酸葡萄糖,需要葡萄糖激酶的催化,同时需要消耗1分子ATP;第二部反应6-磷酸葡萄糖→1-磷酸葡萄糖需要磷酸葡萄糖变位酶的催化；另外，糖原的最初合成需要糖原引物蛋白催化形成糖原核心，因此选项 A、B、D、E 均参与了糖原的合成，而 CO_2 与糖原合成无关，故本题答案选 C。

7. 下列关于糖原的说法不恰当的是（　　）

   A. 糖原合成和分解是一个可逆过程

   B. 肝糖原是空腹血糖的直接来源

   C. 肝和肌肉是贮存糖原的主要场所

   D. 肌糖原主要供肌肉收缩时能量的需要

   E. 糖原的基本结构单位与淀粉相同

   【正确答案】A　　　　【易错答案】B、C、D、E

   【答案分析】本题考查的是糖原的合成与分解。肝糖原是空腹血糖的直接来源；葡萄糖主要在肝和肌肉合成肝糖原和肌糖原贮存；由于肌肉中缺乏葡萄糖 -6- 磷酸酶，肌糖原的主要去路是生成 6- 磷酸葡萄糖进入糖的分解代谢为肌肉收缩提供能量；糖原的基本结构单位与淀粉相同，均为 α-D- 葡萄糖，因此 B、C、D、E 的说法均为正确的。催化糖原合成与分解的酶不完全相同，因此，糖原合成和分解不是一个可逆过程，故本题正确答案为 A。

8. 在心肌，一分子葡萄糖经有氧氧化彻底分解生成 ATP 的数目是（　　）

   A. 18　　　B. 22　　　C. 30　　　D. 32　　　E. 38

   【正确答案】D　　　　【易错答案】C

   【答案分析】本题考查的是糖有氧氧化生成 ATP 的计算。葡萄糖的有氧氧化包括 3 个阶段，第一阶段 1 分子葡萄糖分解为 2 分子丙酮酸，生成 2 个 ATP，同时在心肌细胞质中产生了 2 个 $NADH+H^+$，可通过苹果酸 - 天冬氨酸穿梭进入 NADH 氧化呼吸链生成 5 个 ATP，因此第一阶段最终可生成 7 个 ATP；第二阶段在线粒体中 2 分子丙酮酸生成 2 分子乙酰辅酶 A，同时产生 2 个 $NADH+H^+$，进入 NADH 氧化呼吸链可得到 5 个 ATP；第三阶段 2 分子乙酰辅酶 A 进入三羧酸循环，每分子乙酰辅酶 A 可直接生成 1 个 GTP，同时产生 3 个 $NADH+H^+$ 及 1 个 $FADH_2$，进入相应呼吸链可生成 9 个 ATP，共 20 分子。因此，在心肌中，1 分子葡萄糖通过有氧氧化彻底分解可生成 32 个 ATP，因此本题正确答案为 D。如果发生在脑和骨骼肌，则第一阶段生成 5 个 ATP，共产生 30 个 ATP。

9. 下列化合物可联系核苷酸合成与糖代谢的是（　　）

   A. 葡萄糖　　　B. 6- 磷酸葡萄糖　　　C. 1- 磷酸葡萄糖

   D. 1,6- 二磷酸果糖　　　E. 5- 磷酸核糖

   【正确答案】E　　　　【易错答案】A、B、C、D

   【答案分析】本题考查的是磷酸戊糖途径的意义。磷酸戊糖途径可生成 $NADPH+H^+$ 和 5- 磷酸核糖。葡萄糖可经氧化阶段生成 5- 磷酸核糖，而后者正是体内合成核苷酸的原料之一，因此是最直接联系核苷酸合成与糖代谢的物质，故本题正确答案为 E。

10. 下列关于磷酸戊糖途径说法正确的是（　　）

A. 是体内产生 CO_2 的主要来源
B. 可生成 NADPH 供合成代谢需要
C. 饥饿时葡萄糖经此途径代谢增加
D. 是体内生成糖醛酸的途径
E. 是体内生成 ATP 的主要途径

【正确答案】B　　　　　　【易错答案】A、C、D、E

【答案分析】本题考查的是磷酸戊糖途径的意义。体内产生 CO_2 的主要来源是糖的有氧氧化，饥饿时葡萄糖主要通过肝糖原的分解增加，体内主要通过糖醛酸途径生成糖醛酸，体内生成 ATP 的主要途径是糖的有氧氧化，因此选项 A、C、D、E 均是错误的。体内的 NADPH 主要来自于磷酸戊糖途径，可作为供氢体参与物质的合成代谢，故本题正确答案为 B。

11. 葡萄糖在体内代谢时，通常不会转变生成的化合物是（　　）

A. 乙酰乙酸　　　　B. 胆固醇　　　　C. 脂肪酸
D. 丙氨酸　　　　　E. 核糖

【正确答案】A　　　　　　【易错答案】B、C、D、E

【答案分析】本题考查的是葡萄糖的代谢途径。葡萄糖通过有氧氧化可生成乙酰 CoA，后者是胆固醇和脂肪酸合成的原料；葡萄糖通过糖酵解可生成丙酮酸，后者与 NH_3 结合可生成丙氨酸；葡萄糖通过磷酸戊糖途径可生成 5-磷酸核糖，进而转化为核糖。乙酰乙酸属于酮体，需要注意的是其原料虽然也是乙酰 CoA，但主要来自于脂肪酸的 β-氧化，而不是来自于糖的分解代谢，故本题正确答案为 A。

12. 线粒体内下列反应中能产生 $FADH_2$ 的步骤是（　　）

A. 琥珀酸→延胡索酸
B. 异柠檬酸→α-酮戊二酸
C. 苹果酸→草酰乙酸
D. α-戊二酸→琥珀酰 CoA
E. 丙酮酸→乙酰 CoA

【正确答案】A　　　　　　【易错答案】B、C、D、E

【答案分析】本题考查的是糖的有氧氧化中的脱氢反应。三羧酸循环中共四步脱氢反应，分别为异柠檬酸→α-酮戊二酸、α-酮戊二酸→琥珀酰辅酶 A、琥珀酸→延胡索酸、苹果酸→草酰乙酸，需要注意的是琥珀酸→延胡索酸脱氢传递给 FAD，其余均为 NAD^+，丙酮酸生成乙酰 CoA 的过程中脱下的氢最终也是传递给了 NAD^+，因此本题正确答案为 A。

13. 血糖偏低时，大脑仍可摄取葡萄糖而肝脏不能的原因是（　　）

A. 胰岛素的作用
B. 己糖激酶的 K_m 低
C. 血脑屏障在血糖低时不起作用
D. 肝细胞内葡萄糖激酶的 K_m 低
E. 葡萄糖不能进入肝细胞

【正确答案】B　　　　　　【易错答案】D

【答案分析】本题考查己糖激酶的同工酶。葡萄糖利用的第一步反应是葡萄糖磷酸化为 6-磷酸葡萄糖，催化该反应的酶在体内为一类同工酶，比如在脑组织中是己糖激酶，而肝脏中是葡萄糖激酶。酶的K_m值反应了酶与底物亲和力的高低，K_m越高，酶与底物的亲和力就越低。因此，血糖偏低时，大脑仍可摄取葡萄糖而肝脏则不能，原因可能是己糖激酶的K_m要低于葡萄糖激酶，仍可催化葡萄糖的分解代谢，因此本题正确答案为A。

14. 下列关于草酰乙酸的叙述哪项是不正确的（　　）
   A. 是一种四碳二羧酸物质　　　　　B. 可由丙酮酸羧化生成
   C. 可由苹果酸脱氢生成　　　　　　D. 是糖酵解的中间产物
   E. 可转变为天冬氨酸
   【正确答案】D　　　　　　【易错答案】E
   【答案分析】本题考查的是草酰乙酸的代谢。草酰乙酸是一种四碳二羧酸，在糖异生途径中可由丙酮酸羧化而成，在三羧酸循环中可由苹果酸脱氢生成，是三羧酸循环的中间产物，不存在于糖酵解过程中。需要注意的是草酰乙酸在氨基酸代谢中可接受NH_3可转变为天冬氨酸，实现糖代谢和氨基酸代谢的联系和转化，因此本题正确答案为D。

15. 糖酵解时丙酮酸不会堆积的原因是（　　）
   A. 丙酮酸接受3-磷酸甘油醛脱氢反应中生成的NADH生成乳酸
   B. 丙酮酸可氧化脱羧生成乙酰CoA
   C. 乳酸脱氢酶对丙酮酸的K_m值很高
   D. NADH／NAD^+比例太低
   E. 丙酮酸会抑制糖酵解的关键酶
   【正确答案】A　　　　　　【易错答案】B、C、D、E
   【答案分析】本题考查的糖酵解途径中丙酮酸的转化。B选项丙酮酸可氧化脱羧生成乙酰CoA是发生在有氧的条件下，不属于糖酵解；C选项乳酸脱氢酶对丙酮酸的K_m值很高，则会导致乳酸脱氢酶难以催化丙酮酸转化成乳酸，引起丙酮酸堆积；D选项NADH／NAD^+比例太低，丙酮酸无法接受氢原子转化为乳酸，同样也会导致丙酮酸增多；E选项丙酮酸并不会抑制糖酵解的关键酶，该选项也是错误的。糖酵解时丙酮酸不会堆积的原因是由于丙酮酸接受3-磷酸甘油醛脱氢反应中生成的NADH生成乳酸，因此本题正确答案为A。

16. 下列酶促反应中，与CO_2无关的是（　　）
   A. 柠檬酸合酶催化的反应　　　　　B. 丙酮酸羧化酶催化的反应
   C. α-酮戊二酸脱氢酶系催化的反应　D. 异柠檬酸脱氢酶催化的反应
   E. 丙酮酸脱氢酶系催化的反应
   【正确答案】A　　　　　　【易错答案】C、D、E
   【答案分析】本题考查的是糖代谢中CO_2参与的反应。丙酮酸羧化酶催化丙酮酸和CO_2生成草酰乙酸，需要注意的是α-酮戊二酸脱氢酶系、异柠檬酸脱氢酶和丙酮酸脱氢酶系催化的反应均是氧化脱羧，在脱氢的同时脱下1分子CO_2。柠檬酸合酶催化乙酰CoA和草酰乙酸的合成反应，并无CO_2的消耗或生成，因此本题正确答案为A。

17.三羧酸循环中的不可逆反应是（　　）

　　A.草酰乙酸→柠檬酸　　　　B.琥珀酰CoA→琥珀酸　　　　C.琥珀酸→延胡索酸

　　D.延胡索酸→苹果酸　　　　E.苹果酸→草酰乙酸

【正确答案】A　　　　　　　　【易错答案】B、C、D、E

【答案分析】本题考查的是三羧酸循环中的不可逆反应。三羧酸循环中共有三步不可逆反应，分别是：草酰乙酸和乙酰CoA生成柠檬酸，异柠檬酸→α-酮戊二酸，α-酮戊二酸→琥珀酰CoA，其余反应均为可逆反应，故本题正确答案为A。

18.下列关于三羧酸循环的叙述正确的是（　　）

　　A.琥珀酰CoA是α-酮戊二酸氧化脱羧的产物

　　B.循环一周可使2个ADP磷酸化成ATP

　　C.无氧条件下也能持续进行

　　D.反应过程可逆

　　E.一共有4次脱氢反应，生成4对NADH+H$^+$

【正确答案】A　　　　　　　　【易错答案】E

【答案分析】本题考查的是三羧酸循环。三羧酸循环一周只发生一次底物水平磷酸化，得到1分子GTP，最终可转化成1分子ATP；三羧酸循环发生在线粒体，只能在有氧条件下进行；三羧酸循环反应过程中有三步是不可逆的，分别是：草酰乙酸和乙酰CoA生成柠檬酸，异柠檬酸→α-酮戊二酸，α-酮戊二酸→琥珀酰CoA，导致整个过程不可逆；三羧酸循环共有4次脱氢反应：分别为异柠檬酸→α-酮戊二酸，α-酮戊二酸→琥珀酰辅酶A，琥珀酸→延胡索酸，苹果酸→草酰乙酸，需要注意的是琥珀酸→延胡索酸脱氢传递给FAD，其余均为NAD$^+$，因此得到3分子NADH+H$^+$和1分子FADH$_2$，因此B、C、D、E选项均不正确。琥珀酰CoA可由α-酮戊二酸在α-酮戊二酸脱氢酶复合体的催化下发生氧化脱羧生成，故本题正确答案为A。

19.三羧酸循环的关键酶有（　　）

　　A.异柠檬酸脱氢酶　　　　B.苹果酸酶　　　　C.琥珀酸脱氢酶

　　D.苹果酸脱氢酶　　　　　E.顺乌头酸酶

【正确答案】A　　　　　　　　【易错答案】D

【答案分析】本题考查的是三羧酸循环中的关键酶。三羧酸循环反应过程中共有三步不可逆反应，分别是：柠檬酸合酶催化的草酰乙酸和乙酰CoA生成柠檬酸，异柠檬酸脱氢酶催化的异柠檬酸→α-酮戊二酸，α-酮戊二酸脱氢酶复合体催化的α-酮戊二酸→琥珀酰CoA，这三步反应不可逆，整个反应过程的速度受到这三个酶活性的调节，因此是三羧酸循环反应中的关键酶。故本题正确答案为A。

20.丙酮酸脱氢酶复合体中不包括的辅助因子是（　　）

　　A.FAD　　　B.NAD$^+$　　　C.硫辛酸　　　D.辅酶A　　　E.生物素

【正确答案】E　　　　　　　　【易错答案】A、B、C、D

【答案分析】本题考查的是丙酮酸脱氢酶复合体的组成。丙酮酸脱氢酶复合体包括3个酶蛋白和5个辅助因子，分别是丙酮酸脱氢酶（辅酶为硫胺素焦磷酸），二氢硫辛酰胺转乙酰酶（辅酶是硫辛酸和辅酶A），二氢硫辛酰胺脱氢酶（辅基为FAD，还需NAD^+）。而生物素通常是羧化酶的辅酶，例如丙酮酸羧化酶和乙酰CoA羧化酶，故本题正确答案为E。

（二）多选题

1. 下列关于糖原磷酸化酶的叙述哪些是正确的（　　）

　A. 是糖原合成的关键酶

　B. 肌肉细胞含有该酶

　C. 与糖酵解途径有关

　D. 其催化的反应消耗磷酸

　E. G-6-P是其催化反应的产物之一

【正确答案】BCD　　　　　　　　【易错答案】A、E

【答案分析】本题考查的是糖原磷酸化酶。糖原磷酸化酶催化糖原磷酸化生成1-磷酸葡萄糖，肝糖原和肌糖原的分解均有该酶的参与；在糖酵解途径中，以糖原为起点的第一步反应也是该酶所催化的糖原→1-磷酸葡萄糖进而转变为6-磷酸葡萄糖进入糖酵解；该反应是磷酸化反应，需要消耗1分子的无机磷酸，因此选项B、C、D均正确，E是错误的。需注意的是糖原磷酸化酶是糖原分解的关键酶，糖原合成的关键酶糖原合酶，故A选项也是错误的。

2. 下列哪些酶在糖无氧分解和糖异生中都起作用（　　）

　A. 丙酮酸羧化酶　　　　　B. 醛缩酶　　　　　　　C. 己糖激酶

　D. 磷酸甘油酸激酶　　　　E. 磷酸果糖激酶

【正确答案】BD　　　　　　　　【易错答案】A、C、E

【答案分析】本题考查的是糖酵解和糖异生过程中的可逆反应。由非糖物质异生为糖的过程中，绝大多数反应是依靠糖酵解中的逆反应，但糖酵解中有三个不可逆反应：己糖激酶催化的葡萄糖→6-磷酸葡萄糖；磷酸果糖激酶催化的6-磷酸果糖→1,6-二磷酸果糖；丙酮酸激酶催化的磷酸烯醇式丙酮酸→丙酮酸。糖异生可通过四步反应实现其逆过程：丙酮酸羧化酶和磷酸烯醇式丙酮酸激酶分别催化的丙酮酸→草酰乙酸→磷酸烯醇式丙酮酸；果糖二磷酸酶催化的1,6-二磷酸果糖→6-磷酸果糖；葡萄糖-6-磷酸酶催化的6-磷酸葡萄糖→葡萄糖。A选项丙酮酸羧化酶只出现在糖异生反应中，C和E选项己糖激酶和磷酸果糖激酶只出现在糖酵解途径中，因此本题正确答案为B、D。

3. 属于丙酮酸脱氢酶复合体组分的是（　　）

　A. FMN　　　　　　　　B. 二氢硫辛酰胺转乙酰酶　　　C. TPP

　D. 丙酮酸脱氢酶　　　　E. FAD

【正确答案】BCDE　　　　　　　【易错答案】A

【答案分析】本题考查的丙酮酸脱氢酶复合体的组成。丙酮酸脱氢酶复合体包括3个酶蛋白和5个辅助因子，分别是丙酮酸脱氢酶（辅酶为硫胺素焦磷酸），二氢硫辛酰胺转乙酰酶（辅酶是硫辛酸和辅酶A），二氢硫辛酰胺脱氢酶（辅基为FAD，还需NAD^+）。需要注意的是二氢硫辛酰胺脱氢酶的辅基是FAD，而不是FMN，因此A选项是错误的。

4. 下列以ATP为底物之一的酶是（　　）
   A. 己糖激酶　　　　　　　B. 脂肪酰辅酶A合成酶　　　　　C. 丙酮酸激酶
   D. 葡萄糖-6-磷酸酶　　　　E. 果糖二磷酸酶
   【正确答案】AB　　　　　　【易错答案】C
   【答案分析】本题考查的是需要ATP供能的酶促反应。己糖激酶催化葡萄糖→6-磷酸葡萄糖，需要ATP提供磷酸基团；脂肪酰辅酶A合成酶催化脂肪酸的活化，脂肪酸→脂酰CoA，也需要ATP供能，因此选项A、B是正确的。D选项葡萄糖-6-磷酸酶和E选项果糖二磷酸酶催化的均为磷酸基团的水解反应，无需消耗ATP。需要注意的是C选项丙酮酸激酶催化的是底物水平磷酸化反应，由磷酸烯醇式丙酮酸→丙酮酸，同时生成了1分子的ATP。

5. 正常人摄取糖过多后，可发生的反应有（　　）
   A. 糖转变成甘油　　　　　B. 糖转变成脂肪酸　　　　　C. 糖转变为激素
   D. 糖转变成蛋白质　　　　E. 糖氧化分解为水，CO_2，能量
   【正确答案】ABE　　　　　【易错答案】D
   【答案分析】本题考查的糖的代谢途径。糖是体内主要的供能物质，摄取大量糖之后，糖可以发生有氧氧化彻底分解为水，二氧化碳，同时释放大量能量；多余的糖在糖酵解过程中生成的磷酸二羟丙酮可发生加氢反应转化为3-磷酸甘油进而转变成甘油；糖在有氧氧化中生成的乙酰CoA和磷酸戊糖途径中产生的$NADPH+H^+$可以作为脂肪酸合成的原料，因此A、B、E选项均是正确的。在体内，胆固醇可转化为类固醇激素，如肾上腺皮质激素和性激素，而糖不能转化，C选项错误；需要注意的是蛋白质分解得到的生糖氨基酸可通过糖异生转化为糖，但糖分解代谢生成的某些α-酮酸可与NH_3结合生成部分非必需氨基酸，而蛋白质的合成仍需8种必需氨基酸，故D选项也是错误的。因此本题正确答案为A、B、E。

6. 下列能催化底物高能磷酸基团直接转给ADP的酶有（　　）
   A. 柠檬酸合酶　　　　　　B. 磷酸果糖激酶　　　　　C. 丙酮酸激酶
   D. 磷酸甘油酸激酶　　　　E. 琥珀酰CoA合成酶
   【正确答案】CD　　　　　【易错答案】E
   【答案分析】本题考查的是糖的有氧氧化过程中发生底物水平磷酸化的反应。在有氧氧化途径中，共发生了3次底物水平磷酸化，分别是：①3-磷酸甘油酸激酶催化的1,3-二磷酸甘油酸→3-磷酸甘油酸；②丙酮酸激酶催化的磷酸烯醇式丙酮酸→丙酮酸；③琥珀酰CoA合成酶催化的α-酮戊二酸→琥珀酰CoA。需要注意的是，前两次底物水平磷酸化将底物的高能磷酸基团直接传递给了ADP，但第三次是高能硫酯键的水解驱动GDP生成GTP，因此E选项是错误的，故本题正确答案为C、D。

7. 下列关于糖酵解的叙述正确的是（　　）

A. 发生在缺氧条件下　　　　　　B. 反应在线粒体内进行

C. 经底物水平磷酸化产生 ATP　　D. 最终产物为乳酸

E. 有氧化磷酸化过程

【正确答案】ACD　　　　　　【易错答案】B、E

【答案分析】本题考查的是糖酵解的特点。糖酵解发生在缺氧条件下，反应部位在细胞质，不需要进入线粒体，因此 ATP 的生成只能通过两次底物水平磷酸化产生，无法进行氧化磷酸化；1 分子葡萄糖经过糖酵解最终可生成 2 分子乳酸。因此选项 A、C、D 正确。

8. 下列物质中哪些既可由葡萄糖的代谢产生又是糖异生的原料（　　）

A. 丙酮酸　　B. 乙酰 CoA　　C. 乳酸　　D. 亚油酸　　E. 色氨酸

【正确答案】AC　　　　　　【易错答案】B、E

【答案分析】本题考查的是葡萄糖的分解代谢和糖异生的联系。能够发生糖异生的原料主要有丙酮酸、乳酸、甘油、生糖氨基酸等。其中丙酮酸和乳酸均是糖酵解的产物，因此选项 A、C 是正确的。需要注意的是乙酰 CoA 虽然是有氧氧化的中间产物，但其只能发生进入三羧酸循环氧化分解，或者作为合成脂肪酸、酮体和胆固醇等物质的原料，无法进行糖异生；另外，色氨酸虽然是生糖氨基酸，但也属于必需氨基酸，无法由糖代谢转化，只能从食物中摄取，因此 B、E 选项是错误的。故本题正确答案为 A、C。

9. 1 分子丙酮酸进入线粒体彻底氧化时（　　）

A. 生成 3 分子 CO_2　　　　B. 经历 4 个关键酶（系）催化

C. 四次脱氢反应　　　　　　D. 两次底物水平磷酸化

E. 一次羧化反应

【正确答案】AB　　　　　　【易错答案】C

【答案分析】本题考查的丙酮酸的氧化分解。丙酮酸的氧化分解包括两个阶段：①丙酮酸→乙酰辅酶 A；②乙酰辅酶 A 进入三羧酸循环彻底氧化分解。其中共发生了三次脱羧：丙酮酸→乙酰辅酶 A，异柠檬酸→α-酮戊二酸，α-酮戊二酸→琥珀酰 CoA；有 4 个关键酶（系）催化了 4 步不可逆反应：丙酮酸脱氢酶复合体，柠檬酸合酶，异柠檬酸脱氢酶，α-酮戊二酸脱氢酶复合体，因此 A、B 选项是正确的。经历了五次脱氢反应：丙酮酸→乙酰辅酶 A，异柠檬酸→α-酮戊二酸，α-酮戊二酸→琥珀酰 CoA，琥珀酸→延胡索酸，苹果酸→草酰乙酸；只有一次底物水平磷酸化：α-酮戊二酸→琥珀酰 CoA；没有发生羧化反应，因此 C、D、E 选项均不正确。需要注意的是丙酮酸→乙酰辅酶 A 这步反应容易被忽略，故本题正确答案为 A、B。

10. NAD^+ 是下述哪些酶的辅酶（　　）

A. 延胡索酸酶　　　　　　B. 苹果酸脱氢酶

C. 异柠檬酸脱氢酶　　　　D. 琥珀酸脱氢酶

E. 6-磷酸葡萄糖脱氢酶

【正确答案】BC　　　　　　　　【易错答案】D、E

【答案分析】本题考查的是以 NAD^+ 作为辅酶的脱氢酶。在体内大部分的脱氢酶以属于 NADH 脱氢酶类，以 NAD^+ 作为辅酶，例如异柠檬酸脱氢酶、α-酮戊二酸脱氢酶复合体、苹果酸脱氢酶和丙酮酸脱氢酶复合体均以 NAD^+ 为辅酶，故 B、C 是正确的。需要注意的是有些脱氢酶以 FAD 作为辅基，例如琥珀酸脱氢酶、脂酰 CoA 脱氢酶，还有部分脱氢酶以 $NADP^+$ 作为辅酶，如磷酸戊糖途径中的 6-磷酸葡萄糖脱氢酶和 6-磷酸葡萄糖酸脱氢酶，因此选项 D、E 是错误的。

（三）名词解释

1. 糖酵解

【正确答案】指机体在无氧情况下，葡萄糖或糖原转变为乳酸并生成少量 ATP 的过程。

2. 糖的有氧氧化

【正确答案】在有氧条件下葡萄糖彻底氧化分解生成 CO_2 和 H_2O，释放大量能量的反应过程。

3. 糖异生

【正确答案】由非糖化合物（如乳酸、甘油、丙酮酸、生糖氨基酸等）转变为葡萄糖或糖原的过程。

4. 糖原合成

【正确答案】单糖在肝、肌肉等组织中合成糖原的过程，称为糖原合成。

5. 糖原分解

【正确答案】肝糖原分解为葡萄糖的过程，称为糖原分解。

（四）简答题

1. 为什么说三羧酸循环是糖类，脂肪和蛋白质三大物质代谢的共同通路？

【正确答案】三羧酸循环是指乙酰 CoA 与草酰乙酸缩合进行氧化供能的过程，因此，凡是能转变成乙酰 CoA 及三羧酸循环中任何中间产物的物质可进入三羧酸循环氧化。

（1）糖类物质中有氧氧化时经丙酮酸氧化脱羧产生乙酰 CoA。

（2）脂肪水解产生甘油与脂肪酸，甘油可经丙酮酸生成乙酰 CoA，脂肪酸 β-氧化产生乙酰 CoA。

（3）酮体氧化时，乙酰乙酸与 β-羟丁酸都可经乙酰乙酰 CoA 产生乙酰 CoA。

（4）蛋白质→氨基酸→脱氢→α-酮酸，后者可直接或间接进入三羧酸循环转氨基。

（5）某些氨基酸代谢可以产生延胡索酸或琥珀酰 CoA，它们都是三羧酸循环的中间代谢产物。

2. 试述血糖的来源与去路。

【正确答案】（1）来源：①食物糖的消化吸收；②肝糖原分解；③糖异生作用。

（2）去路：①在组织氧化分解供应能量；②合成糖原；③转变为其他糖及非糖物质；④血糖过高由尿液排出。

3. 用结构式写出糖酵解的关键反应并注明催化的酶。

【正确答案】（1）葡萄糖 + ATP → 6-磷酸葡萄糖 + ADP，由己糖激酶催化；

（2）6-磷酸果糖 + ATP → 1,6-二磷酸果糖 + ADP，由磷酸果糖激酶-1催化；

（3）磷酸烯醇式丙酮酸 + ADP → 丙酮酸 + ATP，由丙酮酸激酶催化。

4. 试述6-磷酸葡萄糖参与的代谢反应。

【正确答案】6-磷酸葡萄糖是葡萄糖在己糖激酶作用下的产物。代谢反应如下：

（1）它可以通过糖酵解或有氧氧化途径继续分解代谢，产生ATP供能；

（2）在糖异生过程中，在葡萄糖-6-磷酸酶作用下转化为葡萄糖；

（3）在磷酸葡萄糖变位酶作用下转变为1-磷酸葡萄糖，可再进一步合成糖原；

（4）可以循磷酸戊糖途径代谢，产生磷酸核糖和NADPH。

5. 写出甘油在肝脏中转变为葡萄糖的关键反应，注明关键酶。

【正确答案】（1）甘油 → α-磷酸甘油，甘油激酶；

（2）1,6-二磷酸果糖 → 6-磷酸果糖，果糖二磷酸酶；

（3）6-磷酸葡萄糖 → 葡萄糖，葡萄糖6-磷酸酶。

6. 简述乙酰CoA参与的4条代谢途径。

【正确答案】（1）进入三羧酸循环彻底氧化为CO_2和H_2O；

（2）合成胆固醇；

（3）合成酮体；

（4）合成脂肪酸。

第七章 脂类代谢

◎ **重点** ◎

1. 脂肪酸的分解代谢
2. 酮体的合成与利用
3. 脂肪酸的合成
4. 血浆脂蛋白的分类、命名及功能

◎ **难点** ◎

1. 甘油的糖异生过程
2. 脂肪酸 β–氧化的能量计算
3. 酮体合成与利用的反应过程

常见试题

（一）单选题

1. 下列对脂肪酸的生物合成的描述哪项是正确的（　　）

A. 脂肪酸主要是在线粒体内合成

B. 脂肪酸合成是脂肪酸 β–氧化的逆过程

C. 脂肪酸的合成由 $NADH+H^+$ 提供氢

D. 脂肪酸的合成是以丙二酸单酰 CoA 为中心的一种连续性缩合作用

E. 脂肪酸生物合成的产物是硬脂酸

【正确答案】D　　　　【易错答案】A、B、C、E

【答案分析】本题考查的是脂肪酸的生物合成。脂肪酸的合成不需要耗氧，主要发生在细胞质；脂肪酸合成和脂肪酸的 β–氧化虽然都有连续的四步反应，但催化反应的酶是不同的，不属于逆过程；脂肪酸的合成是由磷酸戊糖途径生成的 $NADPH+H^+$ 作为供氢体；脂肪酸生物合成的产物是软脂酸，而不是硬脂酸，因此，选项 A、B、C、E 均是错误的。脂肪酸的合成中以乙酰 CoA 作为碳源，但乙酰 CoA 需要首先活化成丙二酸单酰 CoA，在脂肪酸的合成中作为碳源的直接供体，因此 D 选项是正确的，故本题应选 D。

2. 血浆中何种脂蛋白浓度增加，可能具有抗动脉粥样硬化的作用（　　）
 A. LDL　　　　B. HDL　　　　C. VLDL　　　　D. IDL（中间密度脂蛋白）　　　　E. CM
【正确答案】B　　　　　　　　【易错答案】A、C
【答案分析】本题考查的是血浆脂蛋白的功能。VLDL是肝转运内源性三酰甘油到肝外组织的主要形式；LDL是由VLDL转变而来，是转运肝合成的内源性胆固醇至肝外的主要形式；HDL主要功能是参与逆向转运胆固醇。因此，血浆LDL和VLDL含量升高和HDL含量降低是导致动脉粥样硬化的关键因素，降低LDL和VLDL水平、提高HDL水平是防治动脉粥样硬化的基本原则，故本题应选B。

3. 在脑组织利用酮体供能的过程中，发挥主要作用的酶是（　　）
 A. 琥珀酸CoA转硫酶　　　　B. 硫解酶　　　　C. 乙酰乙酸硫激酶
 D. 柠檬酸合成酶　　　　E. β-羟丁酸脱氢酶
【正确答案】C　　　　　　　　【易错答案】A
【答案分析】本题考查的是酮体的利用。酮体的利用可通过两条途径：①当糖的分解产物充足的情况下，可由琥珀酰CoA转硫酶催化乙酰乙酸接受琥珀酰CoA提供的CoA生成乙酰乙酰CoA，该反应不耗能；②当糖供应不足时，乙酰乙酸可直接与辅酶A结合，在乙酰乙酸硫激酶催化下耗费1分子ATP也可生成乙酰乙酰CoA。当脑组织利用酮体供能时，表明机体糖供应不足，因此主要通过第二种方式进行酮体的分解，因此本题正确答案为C。

4. 下列哪种代谢过程产生的乙酰CoA是酮体合成的主要原料（　　）
 A. 葡萄糖氧化分解所产生的乙酰CoA　　　　B. 甘油转变的乙酰CoA
 C. 脂肪酸β-氧化所形成的乙酰CoA　　　　D. 丙氨酸转变成的乙酰CoA
 E. 甘氨酸转变而成的乙酰CoA
【正确答案】C　　　　　　　　【易错答案】A
【答案分析】本题考查的是合成酮体的乙酰CoA的主要来源。需注意的是A选项葡萄糖氧化分解所产生的乙酰CoA主要去路是进入三羧酸循环彻底氧化分解，同时也是脂肪酸和胆固醇合成的原料；B、D、E选项中甘油、丙氨酸和甘氨酸转变成的乙酰CoA主要去路是进入三羧酸循环。脂肪酸在肝内的分解非常活跃，可通过β-氧化生成大量的乙酰CoA，通常会超出肝自身的能量需要，过剩的乙酰CoA可合成酮体作为其他组织能量的输出形式。因此酮体合成的原料主要来自于脂肪酸β-氧化所形成的乙酰CoA，故答案选C。

5. 下列关于脂肪酸的β-氧化描述不正确的是（　　）
 A. 脂肪酸需要活化
 B. 氧化时依次断落2个碳原子的连续方式进行
 C. 线粒体是脂肪酸β-氧化的场所
 D. 不饱和脂肪酸不能进行β-氧化
 E. 氧化过程中也需要FAD参与作用

【正确答案】D　　　　　　　【易错答案】A、B、C、E

【答案分析】本题考查的是脂肪酸的 β-氧化。脂肪酸在 β-氧化之前需要进行活化转化成脂酰 CoA；脂肪酸的 β-氧化依次经过脱氢→加水→再脱氢→硫解依次断落 2 个碳原子生成 1 分子乙酰 CoA；脂肪酸的 β-氧化产生的还原当量需经过呼吸链产生能量，因此主要场所是线粒体；β-氧化过程中两次脱氢需要 1 分子 FAD 和 1 分子 NAD^+，因此选项 A、B、C、E 均是正确的。不饱和脂肪酸也可进行 β-氧化，只不过需要经过异构酶的催化，故本题答案选 D。

6. 在脂肪酸 β-氧化的每次循环时，不生成下列哪种物质（　　）

　　A. 乙酰 CoA　　　B. H_2O　　　C. 脂酰 CoA　　　D. NADH　　　E. $FADH_2$

【正确答案】B　　　　　　　【易错答案】C

【答案分析】本题考查的是脂肪酸 β-氧化的产物。脂肪酸的 β-氧化依次经过脱氢→加水→再脱氢→硫解连续四步反应，脱下的 2 个碳原子生成 1 分子乙酰 CoA；β-氧化过程中两次脱氢分别以 FAD 和 NAD^+ 为辅助因子，因此可生成 1 分子 $FADH_2$ 和 1 分子 $NADH+H^+$；脂酰 CoA 经硫解脱去乙酰 CoA 的同时，得到另一个产物是少了 2 个碳原子的脂酰 CoA，可进行下一次的 β-氧化。在 β-氧化过程中，并没有发生脱水反应，因此没有水的生成，故本题答案选 B。

7. 下列关于脂肪酸合成所需的乙酰 CoA 叙述正确的是（　　）

　　A. 细胞质直接提供

　　B. 线粒体直接提供

　　C. 线粒体合成，以乙酰 CoA 的形式转运到细胞质

　　D. 在线粒体中合成苹果酸，以苹果酸形式转运到细胞质

　　E. 在线粒体中合成柠檬酸，以柠檬酸形式转运到细胞质

【正确答案】E　　　　　　　【易错答案】A、B、C、D

【答案分析】本题考查的是脂肪酸合成所需的乙酰 CoA。脂肪酸合成所需的乙酰 CoA 主要来自于糖的有氧氧化，因此主要在线粒体合成。脂肪酸的合成主要发生在细胞质，但乙酰 CoA 不能直接穿过线粒体膜进入细胞质，因此需要和草酰乙酸结合生成柠檬酸进行跨膜转运，故本题正确答案为 E。

8. 酮体生成的限速酶是（　　）

　　A. HMG-CoA 还原酶　　　B. HMG-CoA 裂解酶　　　C. 硫解酶

　　D. β-羟丁酸脱氢酶　　　E. HMG-CoA 合酶

【正确答案】E　　　　　　　【易错答案】A

【答案分析】本题考查的是酮体生成的限速酶。在酮体合成中，HMG-CoA 合酶可催化乙酰乙酰 CoA 和乙酰 CoA 合成 HMG-CoA，该酶是酮体合成的关键酶。需要注意的是在胆固醇合成中，前两步反应和酮体的合成完全一样，可生成两者的共同中间产物 HMG-CoA，但不同的是胆固醇下一步反应是由 HMG-CoA 还原酶催化的由 HMG-CoA 还原为甲羟戊酸，该酶

是胆固醇合成的关键酶，因此本题的正确答案为 E。

9. 下述哪种情况，机体能量的提供主要来自脂肪（ ）
   A. 空腹　　　B. 进餐后　　　C. 禁食　　　D. 剧烈运动　　　E. 安静状态
   【正确答案】C　　　　　　　　【易错答案】A
   【答案分析】本题考查的机体能量的主要来源。进餐后，机体的能量主要来自于食物糖的消化与吸收后得到的葡萄糖；剧烈运动时，肌肉所需的能量主要通过葡萄糖的糖酵解提供；安静状态下，机体所需能量较少，葡萄糖的氧化分解即可满足大部分的能量需求。需注意的是空腹时血糖仍可由肝糖原分解和糖异生来补充，因此葡萄糖仍是主要的供能物质，但禁食后，葡萄糖来源减少不能满足机体的能量需求，脂肪的分解增加，可通过 β-氧化生成乙酰 CoA 进入三羧酸循环生成大量能量为机体供能。故本题正确答案为 C。

10. 下列哪种化合物不是以胆固醇为原料合成的（ ）
    A. 皮质醇　　　B. 雌二醇　　　C. 维生素 D_3　　　D. 胆酸　　　E. 胆红素
    【正确答案】E　　　　　　　　【易错答案】A、B、C、D
    【答案分析】本题考查的是胆固醇在体内的转化。胆固醇在体内不能氧化分解，但可以发生转化：①转化成胆汁酸；②转化成类固醇激素，包括糖皮质激素和雌激素；③转化为 7-脱氢胆固醇，经紫外线照射可转变成维生素 D_3，因此选项 A、B、C、D 均可由胆固醇转化，而胆红素主要来自于血红蛋白的分解。故本题正确答案为 E。

11. 体内脂肪大量动员时，肝内生成的乙酰辅酶 A 主要生成（ ）
    A. 葡萄糖　　　　　　B. 二氧化碳和水　　　　　　C. 胆固醇
    D. 酮体　　　　　　　E. 草酰乙酸
    【正确答案】D　　　　　　　　【易错答案】B
    【答案分析】本题考查的是乙酰辅酶 A 的转化。当体内脂肪大量动员时，通过 β-氧化生成大量乙酰 CoA，通常会超出肝脏自身的需要，因此，除了进入三羧酸循环彻底氧化分解生成二氧化碳和水，释放能量之外，还有过剩的乙酰 CoA 在肝内合成酮体，作为其他组织的能量来源。故本题正确答案为 D。

12. 下列关于酮体的描述错误的是（ ）
    A. 酮体包括乙酰乙酸、β-羟丁酸和丙酮
    B. 合成原料是丙酮酸氧化生成的乙酰 CoA
    C. 只能在肝的线粒体内生成
    D. 酮体只能在肝外组织氧化
    E. 酮体是肝输出能量的一种形式
    【正确答案】B　　　　　　　　【易错答案】A、C、D、E
    【答案分析】本题考查的是酮体的合成与利用。酮体包括乙酰乙酸、β-羟丁酸和丙酮；酮体合成所需要的酶在肝细胞线粒体内含量丰富，因此只在肝的线粒体内生成；而肝细胞中缺乏氧

化酮体的酶，必须运送到肝外组织氧化分解；酮体分解产生乙酰 CoA 可进入三羧酸循环产生大量能量，因此酮体可作为肝输出能量的一种形式。需要注意的是合成酮体的乙酰 CoA 主要来自于脂肪酸的 β-氧化，而不是丙酮酸的氧化脱羧，故本题正确答案为 B。

13. 下列血浆脂蛋白中密度最低是（ ）

A. 乳糜微粒　　　　　　B. β-脂蛋白　　　　　　C. α-脂蛋白
D. 前 β-脂蛋白　　　　 E. γ-脂蛋白

【正确答案】A　　　　　　　　　【易错答案】C

【答案分析】本题考查的是血浆脂蛋白两种分类方法的对应关系。超速离心法分离得到的血浆脂蛋白密度由低到高：乳糜微粒→极低密度脂蛋白→低密度脂蛋白→高密度脂蛋白，对应的电泳法的血浆脂蛋白是：乳糜微粒→前 β-脂蛋白→β-脂蛋白→α-脂蛋白。因此，密度最低的脂蛋白是乳糜微粒，故本题正确答案为 A。

14. 与动脉粥样硬化呈负相关的血浆脂蛋白质是（ ）

A. β-脂蛋白　　　　　　B. LDL　　　　　　　　C. 乳糜微粒
D. α-脂蛋白　　　　　　E. 前 β-脂蛋白

【正确答案】D　　　　　　　　　【易错答案】B

【答案分析】本题考查的是血浆脂蛋白的功能和两种分类方法的对应关系。VLDL 是肝转运内源性三酰甘油到肝外组织的主要形式；LDL 是由 VLDL 转变而来，是转运肝合成的内源性胆固醇至肝外的主要形式；HDL 主要功能是参与逆向转运胆固醇。因此，血浆 LDL 和 VLDL 含量升高和 HDL 含量降低是导致动脉粥样硬化的关键因素，HDL 与动脉粥样硬化呈负相关，HDL 对应的是 α-脂蛋白，因此本题正确答案为 D。

15. 胆固醇合成与酮体合成的共同酶是（ ）

A. 乙酰 CoA 硫解酶　　　B. HMG-CoA 还原酶　　　C. HMG-CoA 裂解酶
D. 乙酰 CoA 羧化酶　　　E. HMG-CoA 合酶

【正确答案】E　　　　　　　　　【易错答案】A

【答案分析】本题考查的是胆固醇和酮体合成的共同途径。胆固醇和酮体的合成均以乙酰 CoA 为原料，并且前两步完全相同：①乙酰乙酰 CoA 硫解酶催化 2 分子乙酰 CoA→乙酰乙酰 CoA；②HMG-CoA 合酶催化乙酰乙酰 CoA→HMG-CoA。因此，胆固醇和酮体合成的共同酶是乙酰乙酰 CoA 硫解酶和 HMG-CoA 合酶，故本题正确答案为 E。

16. 下列有关三酰甘油的叙述正确的是（ ）

A. 能被彻底氧化分解

B. 体内不能合成

C. 是 LDL 含量最多的脂类成分

D. 可直接溶于血浆运输

E. 以上均不正确

【正确答案】A　　　　　　　　【易错答案】C

【答案分析】本题考查的是三酰甘油的代谢。三酰甘油在体内可由 3-磷酸甘油和脂酰 CoA 为原料合成；LDL 含量最多的脂类成分是胆固醇酯；三酰甘油是非极性物质，难溶于血液，需与载脂蛋白结合形成血浆脂蛋白进行运输，因此，B、C、D 选项均是错误的。三酰甘油可经脂肪动员得到甘油和脂肪酸，甘油可转化为磷酸二羟丙酮，脂肪酸可经 β-氧化生成乙酰 CoA，均可进入糖的分解代谢途径彻底氧化分解，故本题正确答案为 A。

17. 1 分子十二碳饱和脂肪酸经 β-氧化能生成 $FADH_2$ 的分子数是（　　）

A. 3　　　　B. 4　　　　C. 5　　　　D. 6　　　　E. 7

【正确答案】C　　　　　　　　【易错答案】D

【答案分析】本题考查的是脂肪酸的 β-氧化。偶数碳原子饱和脂肪酸的 β-氧化经过脱氢→加水→再脱氢→硫解，每次可生成 1 分子 $FADH_2$，同时脱去 2 个碳原子生成 1 分子乙酰 CoA，因此 12 碳的饱和脂肪酸完全转化成乙酰 CoA 需经过 5 次循环，可生成 5 分子 $FADH_2$。故本题正确答案为 C。

18. 下列关于脂肪酸活化的叙述哪项是不正确的（　　）

A. 活化是脂肪酸氧化的必要步骤

B. 活化需要 ATP

C. 活化需要 Mg^{2+}

D. 脂酰辅酶 A 是脂肪酸的活化形式

E. 脂肪酸活化是在线粒体内膜上进行的

【正确答案】E　　　　　　　　【易错答案】A、B、C、D

【答案分析】本题考查的是脂肪酸的活化。脂肪酸在进行分解代谢时首先进行活化，在脂酰 CoA 合成酶的催化下脂肪酸→脂酰 CoA，该反应需要消耗 1 分子 ATP（2 个高能键），同时需要 Mg^{2+} 的参与，因此选项 A、B、C、D 说法均是正确的。脂肪酸的活化是发生在细胞质中，然后通过肉碱转运进入线粒体，故本题正确答案为 E。

19. 下列血浆脂蛋白中胆固醇含量最低的是（　　）

A. VLDL　　　B. HDL　　　C. LDL　　　D. CM　　　E. IDL

【正确答案】D　　　　　　　　【易错答案】A

【答案分析】本题考查的是血浆脂蛋白的脂类组成。四种血浆脂蛋白中，CM 主要脂类成分是三酰甘油，胆固醇含量很少，只有 4%；VLDL 也是三酰甘油含量较高，胆固醇含量为 15%；LDL 主要脂类成分是胆固醇，含量为 45%~50%；HDL 主要含磷脂和胆固醇，后者含量为 20%。因此，CM 中胆固醇的含量最低，本题正确答案为 D。

20. 下列属于营养必需脂肪酸的是（　　）

A. 软脂酸　　　B. 亚麻酸　　　C. 硬脂酸　　　D. 油酸　　　E. 十二碳脂肪酸

【正确答案】B 　　　　　　　　　　【易错答案】D

【答案分析】本题考查的是必需脂肪酸的种类。体内有些不饱和脂肪酸无法自身合成或合成不足，必须从食物中摄取，称为必需脂肪酸，主要包括亚油酸、亚麻酸和花生四烯酸，故本题正确答案为B。

(二) 多选题

1. 下列关于血浆脂蛋白的组成特点叙述正确的是（　　　）

   A. CM中蛋白质的百分比最高

   B. LDL中胆固醇的百分比最高

   C. HDL中蛋白质的百分比中等，磷脂最高

   D. HDL中蛋白质最多，三酰甘油最少

   E. VLDL中蛋白多于脂类

   【正确答案】BD　　　　　　　　　【易错答案】A、C、E

【答案分析】本题考查的是血浆脂蛋白的组成。四种血浆脂蛋白中，CM脂类比例最高，达到98%，其中主要成分是三酰甘油，胆固醇含量为4%；VLDL脂类比例为90%，胆固醇含量为15%；LDL脂类比例为80%，主要脂类成分是胆固醇，含量为45%~50%；HDL脂类和蛋白质比例各为50%，脂类成分主要含磷脂和胆固醇，后者含量为20%。因此，蛋白质百分比最高的是HDL，不是CM，A选项错误；HDL中蛋白质百分比最高，磷脂最高，C选项错误；VLDL中脂类成分远多于蛋白质，E选项错误。LDL中胆固醇百分比最高，HDL中蛋白质最多，达到50%，三酰甘油最少，只有5%，因此本题正确答案为B、D。

2. 乙酰CoA作为原料可合成（　　　）

   A. 胆固醇　　　B. 酮体　　　C. 脂肪酸　　　D. 甘油　　　E. 糖

   【正确答案】ABC　　　　　　　　【易错答案】D、E

【答案分析】本题考查的乙酰CoA的转化。乙酰CoA是三大营养物质代谢重要的中间产物，由糖的有氧氧化产生的乙酰CoA除了进入三羧酸循环彻底分解之外，还可作为胆固醇和脂肪酸合成的原料；脂肪酸β-氧化产生的乙酰CoA可作为酮体合成的原料，因此选项A、B、C是正确的。体内的甘油主要来自于脂类物质的分解，乙酰CoA也无法异生为糖，因此选项D、E是错误的。

3. 下列可利用酮体作为能源的组织或细胞是（　　　）

   A. 红细胞　　　B. 心肌　　　C. 肝　　　D. 脑　　　E. 肾

   【正确答案】BDE　　　　　　　　【易错答案】A、C

【答案分析】本题考查的是酮体的利用。酮体合成所需要的酶在肝细胞线粒体内含量丰富，因此主要在肝的线粒体内生成；需要注意的是肝细胞中缺乏氧化酮体的酶，必须运送到肝外组织氧化分解，因此心肌、脑和肾是可以利用酮体作为能源，选项B、D、E是正确的。红细胞没有线粒体，通常只能利用糖酵解产能，因此选项A、C是错误的。

4. 下列有关酮体的叙述正确的是（　　）

A. 酮体水溶性较脂肪酸大

B. 可从尿中排出

C. 糖尿病可引起酮体增高

D. 血中酮体过多，可引起酸中毒

E. 酮体是脂肪酸分解的异常产物

【正确答案】ABCD　　　　【易错答案】E

【答案分析】本题考查的是酮体代谢。酮体分子小，极性强，水溶性较脂肪酸大；丙酮不能被利用，主要随尿排出；糖尿病导致机体利用糖的能力下降，脂肪动员增强，脂肪酸β-氧化加快，酮体的合成超过分解，可引起酮体增高；酮体中的乙酰乙酸和β-羟丁酸均为酸性物质，含量升高可引起酮症酸中毒，因此选项A、B、C、D均是正确的。酮体是脂肪酸在肝内分解的正常中间代谢物，是肝输出能源物质的一种形式，因此E选项是错误的。

5. 下列关于软脂酸的氧化及其合成的叙述正确的是（　　）

A. 脂肪酰载体不同

B. 细胞部位不同

C. 加上及去掉2碳单位的化学方式不同

D. β-酮脂酰与β-羟脂酰相互转变的反应所需吡啶核苷酸不同

E. 主要中间产物都是乙酰CoA

【正确答案】ABCD　　　　【易错答案】E

【答案分析】本题考查的是脂肪酸合成和分解的区别。软脂酸的氧化可分为4个阶段：①脂肪酸的活化；②脂酰CoA的转运；③脂酰CoA的β-氧化；④乙酰CoA进入三羧酸循环彻底分解。脂肪酰载体是肉碱，发生部位主要是线粒体，去掉2碳单位的方式是硫解生成乙酰CoA。软脂酸的合成中脂肪酰载体是酰基载体蛋白，发生部位主要是细胞质，加上2碳单位的方式是与丙二酸单酰CoA进行脱羧缩合。软脂酸的合成与氧化都有乙酰CoA的参与。软脂酸氧化时β-羟脂酰CoA转化为β-酮脂酰CoA所需辅酶为NAD^+，软脂酸合成时β-酮脂酰转化为β-羟脂酰所需辅酶为$NADP^+$，所需吡啶核苷酸不同，因此选项A、B、C、D均是正确的。需要注意的是软脂酸的氧化可生成中间产物乙酰CoA，但软脂酸的合成是以乙酰CoA为原料，并不是中间产物，因此E选项错误。

6. 酮体合成和胆固醇合成过程中的共同参与的有（　　）

A. HMG-CoA合酶　　　　B. HMG-CoA还原酶　　　　C. HMG-CoA裂解酶

D. 乙酰乙酰CoA　　　　E. HMG-CoA

【正确答案】ADE　　　　【易错答案】B、C

【答案分析】本题考查的是酮体和胆固醇合成的相同点。酮体合成和胆固醇合成均是以乙酰CoA为原料，前两步反应完全相同：①乙酰乙酰CoA硫解酶催化2分子乙酰CoA→乙酰乙酰

CoA,②HMG-CoA 合酶催化乙酰乙酰 CoA 和乙酰 CoA 合成 HMG-CoA。因此，选项 A、D、E 均是正确的。需要注意的是 HMG-CoA 还原酶是胆固醇合成的关键酶，HMG-CoA 裂解酶存在于酮体合成过程中，因此选项 B、C 是错误的。

7. 下列代谢主要在线粒体中进行的是（   ）

    A. 酮体的氧化　　　　　B. 三酰甘油的合成　　　　　C. 脂肪酸 β-氧化
    D. 酮体的生成　　　　　E. 脂肪酸的合成

【正确答案】ACD　　　　　【易错答案】B、E

【答案分析】本题考查的是发生在线粒体中的反应。酮体合成所需要的酶在肝细胞线粒体内含量丰富，因此主要在肝的线粒体内生成；肝细胞中缺乏氧化酮体的酶，必须运送到肝外组织的线粒体氧化分解；脂肪酸的 β-氧化也是发生在线粒体，因此选项 A、C、D 是正确的。脂肪酸与三酰甘油的合成主要发生在细胞质中。

8. 合成甘油磷脂需要的共同原料有（   ）

    A. 脂肪酸　　　　　　　B. 甘油　　　　　　　　　　C. 胆碱
    D. 乙醇胺　　　　　　　E. 丝氨酸

【正确答案】AB　　　　　【易错答案】C、D、E

【答案分析】本题考查的是甘油磷脂的合成原料。甘油磷脂结构成分包括甘油、脂肪酸、磷酸和含氮碱，在合成过程中还需要 ATP 和 CTP 的参与，因此选项 A、B 是正确的。不同的甘油磷脂主要是含氮碱的区别，胆碱是磷脂酰胆碱合成的原料，乙醇胺是磷脂酰乙醇胺的原料，丝氨酸是磷脂酰丝氨酸的原料，因此，C、D、E 选项是错误的。

9. 胆固醇在人体内可转化成（   ）

    A. CO_2 和 H_2O　　　B. 类固醇激素　　　　　　C. 胆汁酸
    D. 性激素　　　　　　　E. 脂肪

【正确答案】BCD　　　　【易错答案】A、E

【答案分析】本题考查的是胆固醇在体内的转化。胆固醇在体内可转化为胆汁酸、类固醇激素（包括糖皮质激素和性激素）以及 7-脱氢胆固醇（可经紫外线照射转化为 $VitD_3$），因此选项 B、C、D 是正确的。需要注意的是胆固醇在体内不能被彻底的氧化分解为 CO_2 和 H_2O，不是能源物质，另外胆固醇属于类脂的一种，不能转化为脂肪，因此选项 A、E 是错误的。

10. 下列关于血浆脂蛋白的结构叙述正确的是（   ）

    A. 脂蛋白具有亲水表面和疏水核心
    B. 脂蛋白呈球状颗粒
    C. 载脂蛋白位于表面
    D. CM、VLDL 主要以三酰甘油为核心
    E. 乳糜微粒密度最大

【正确答案】ABCD　　　　【易错答案】E

【答案分析】本题考查的是血浆脂蛋白的组成与结构。各种脂蛋白具有相似的基本结构，疏水性较强的三酰甘油和胆固醇酯构成脂蛋白的核心，位于脂蛋白内部；载脂蛋白、磷脂、游离胆固醇等位于脂蛋白表面，构成球形脂蛋白颗粒，因此选项 A、B、C 均是正确的。CM、VLDL 中脂类成分主要是三酰甘油，因此以三酰甘油为核心，D 项也正确。乳糜微粒中含脂类成分最多，密度最小，因此 E 选项是错误的。

（三）名词解释

1. 营养必需脂肪酸

【正确答案】机体必需但自身又不能合成或合成量不足，必须靠食物提供的脂肪酸叫必需脂肪酸。

2. 脂肪酸的 β-氧化

【正确答案】脂肪酸的 β 氧化是指脂肪酸氧化分解的主要方式，它包括脱氢、加水、再脱氢及硫解四步反应。因主要从脂肪酸的 β 位碳原子脱氢氧化，所以称这一反应过程为脂肪酸的 β 氧化。

3. 脂肪动员

【正确答案】脂肪细胞内储存的脂肪在脂肪酶的作用下逐步水解，释放出脂肪酸和甘油供其他组织利用，这个过程称为脂肪动员。

4. 脂库

【正确答案】在皮下、腹腔大网膜、肠系膜、内脏周围等脂肪组织中分布着大量的三酰甘油，这些储存脂肪的部位称为脂库。

5. 血脂

【正确答案】血浆中所含的脂类统称为血脂。

（四）简答题

1. 试述严重糖尿病人可发生酮症酸中毒的生化机制。

【正确答案】由胰岛素分泌不足所致的严重糖尿病患者，体内葡萄糖的氧化供能明显降低，但脂肪动员和脂肪酸的 β-氧化则相应增强，后者使乙酰 CoA 生成增多，而三羧酸循环运动速度变慢，乙酰 CoA 进入三羧酸循环减少，在肝脏中过量的乙酰 CoA 在酶的催化下生成酮体，使血中酮体浓度增加，酮体中的乙酰乙酸和 β-羟丁酸为酸性物质，故可出现酮症酸中毒。

2. 试述甘油彻底氧化分解的过程。

【正确答案】甘油→α-磷酸甘油→磷酸二羟丙酮→3-磷酸甘油醛→磷酸烯醇式丙酮酸→丙酮酸→乙酰辅酶 A+草酰乙酸→柠檬酸→异柠檬酸→α-酮戊二酸→琥珀酰辅酶 A→琥珀酸→延胡索酸→苹果酸→草酰乙酸。

3. 为什么人摄入过多的糖容易长胖（需注明关键酶，代谢物名称可用中文表示）

【正确答案】葡萄糖→6-磷酸葡萄糖（己糖激酶）→6-磷酸果糖→1,6-二磷酸果糖（6-

磷酸果糖激酶-1)→磷酸二羟丙酮→磷酸烯醇式丙酮酸→丙酮酸（丙酮酸激酶）→乙酰辅酶A（丙酮酸脱氢酶复合体）→丙二酸单酰辅酶A（乙酰辅酶A羧化酶）→脂肪酸→脂酰辅酶A；磷酸二羟丙酮→3-磷酸甘油，3-磷酸甘油+脂酰辅酶A→三酰甘油。

4. 试述血浆脂蛋白按超速离心法和电泳法的分类及功能。

【正确答案】（1）分类：①电泳法可将其分成：乳糜微粒、β-脂蛋白、前β-脂蛋白、α-脂蛋白。②超速离心法：按脂蛋白密度高低进行分类，也分为四类：CM、VLDL、LDL、HDL。

（2）功能：①CM：转运外源性三酰甘油和胆固醇由小肠至全身。②VLDL：转运内源性三酰甘油和胆固醇由肝到肝外组织。③LDL：转运内源性胆固醇由肝到肝外组织。④HDL：逆向转运胆固醇至肝。

5. 试述8个碳的脂肪酸在体内分解生成乙酰辅酶的过程，并计算该过程净生成ATP的数量。

【正确答案】①8个碳的脂酸在胞液中活化生成脂酰辅酶A，该过程消耗2分子ATP。②胞液中生成的脂酰辅酶A经肉碱携带进入线粒体。③线粒体中的脂酰辅酶A完成β-氧化，该过程是脱氢→加水→再脱氢→硫解四步化学反应不断重复进行的，经过3轮β-氧化后，生成的终产物是乙酰辅酶A。④总计生成ATP数量：4×3-2=10。

第八章 氨基酸代谢

◎ **重点** ◎

1. 氮平衡试验
2. 食物蛋白质的互补作用
3. 蛋白质的腐败作用
4. 脱氨基作用
5. 血氨代谢
6. 脱羧基作用
7. 个别氨基酸的特殊代谢

◎ **难点** ◎

1. 脱氨基作用
2. 血氨代谢

常见试题

（一）单选题

1. 催化产生 γ-氨基丁酸的酶是（　　）

   A. L-谷氨酸脱氢酶　　　B. L-谷氨酸脱羧酶　　　C. 谷丙转氨酶

   D. γ-氨基丁酸转氨酶　　E. L-谷氨酸脱氨酶

   【正确答案】B　　　　【易错答案】A

   【答案分析】本题考查的知识点是谷氨酸的脱羧基作用。谷氨酸在 L-谷氨酸脱羧酶的作用下脱羧生成 γ-氨基丁酸。L-谷氨酸脱氢酶是催化谷氨酸氧化脱氨反应的酶，不要混淆。

2. 催化产生 5-羟色胺的酶是（　　）

   A. 色氨酸羟化酶　　　　B. 单胺氧化酶　　　　　C. 色氨酸脱氢酶

   D. 5-羟色氨酸脱羧酶　　E. 色氨酸脱羧酶

   【正确答案】D　　　　【易错答案】E

   【答案分析】本题考查的知识点是色氨酸的脱羧基作用。在体内色氨酸首先羟化生成 5-羟色氨酸，然后在 5-羟色氨酸脱羧酶的作用下生成 5-羟色胺。本题容易误以为是色氨酸脱羧酶直接催化色氨酸的脱羧。

3. 人体内能直接氧化脱氨的氨基酸主要是（　　）

A. 丙氨酸　　　　　　B. 谷氨酸　　　　　　C. 天冬酰胺

D. 组氨酸　　　　　　E. 天冬氨酸

【正确答案】B　　　　　　【易错答案】E

【答案分析】本题考查的知识点是氨基酸的脱氨基作用。氨基酸的脱氨基作用包括转氨基作用、氧化脱氨基作用、联合脱氨基作用和其他的脱氨基方式。其中氧化脱氨基作用主要是指在L-谷氨酸脱氢酶催化下完成的谷氨酸的氧化脱氨基作用。

4. 经转氨基作用可生成 α-酮戊二酸的氨基酸是（　　）

A. 丙氨酸（Ala）　　　　B. 天冬氨酸（Asp）　　　　C. 谷氨酸（Glu）

D. 丝氨酸（Ser）　　　　E. 色氨酸（Trp）

【正确答案】C　　　　　　【易错答案】A、B

【答案分析】本题考查的知识点是氨基酸完成转氨基作用后生成的相应的 α-酮酸。谷氨酸的氨基转走后生成的结构是 α-酮戊二酸。丙氨酸、天冬氨酸的氨基转走后生成的相应的 α-酮酸分别是丙酮酸、草酰乙酸。

5. 联合脱氨基作用是指（　　）

A. 氨基酸氧化酶与谷氨酸脱氢酶联合

B. 氨基酸氧化酶与谷氨酸脱羧酶联合

C. 转氨酶与谷氨酸脱氢酶联合

D. 腺苷酸脱氨酶与谷氨酸脱羧酶联合

E. GOT 与腺苷代琥珀酸合成酶联合

【正确答案】C　　　　　　【易错答案】D

【答案分析】本题考查的知识点是氨基酸的脱氨基作用。氨基酸的脱氨基作用包括转氨基作用、氧化脱氨基作用、联合脱氨基作用和其他的脱氨基方式。其中主要的方式是联合脱氨基作用。在肝、肾组织中联合脱氨基作用是氨基酸转氨酶联合 L-谷氨酸脱氢酶的催化，现将氨基酸结构中的氨基在转氨酶的作用下转移给 α-酮戊二酸，生成谷氨酸，继续在 L-谷氨酸脱氢酶的作用下脱氢脱氨生成氨气和 α-酮戊二酸。肌肉组织中 L-谷氨酸脱氢酶的活性很弱，无法完成上述的联合脱氨基作用，是转氨基作用联合嘌呤核苷酸循环过程脱去氨基。

6. 丙氨酸和 α-酮戊二酸经谷丙转氨酶和下述哪种酶的连续作用方能产生游离的氨（　　）

A. 谷氨酸脱氢酶　　　　B. 谷氨酰胺酶　　　　C. 谷氨酸脱氨酶

D. GOT　　　　　　　　E. 谷氨酰胺合成酶

【正确答案】A　　　　　　【易错答案】C

【答案分析】本题考查的知识点是氨基酸的联合脱氨基作用。联合脱氨基作用是机体主要的脱氨基方式，是转氨基作用联合谷氨酸的氧化脱氨，催化谷氨酸氧化脱氨作用的酶是L-谷氨酸脱氢酶，故正确答案是A，不要误以为催化谷氨酸脱氨就是谷氨酸脱氨酶催化。

7. 在尿素合成中，能穿出线粒体进入细胞质继续进行反应的代谢物是（　　）

　　A. 精氨酸　　　　　　　B. 瓜氨酸　　　　　　　C. 鸟氨酸

　　D. 氨基甲酰磷酸　　　　E. 天冬氨酸

　　【正确答案】B　　　　　【易错答案】A

【答案分析】本题考查的知识点是尿素的合成。机体在肝脏完成鸟氨酸循环的过程合成尿素。参与尿素合成的氨基酸包括鸟氨酸、瓜氨酸、天冬氨酸和精氨酸，其中瓜氨酸穿出线粒体进入细胞质，受精氨酸代琥珀酸合成酶催化，与天冬氨酸进行缩合反应，生成精氨酸代琥珀酸。

8. 哪种物质是尿素合成过程中的中间产物（　　）

　　A. 琥珀酰CoA　　　　　B. 腺苷酸代琥珀酸　　　C. 精氨酸代琥珀酸

　　D. 赖氨酸代琥珀酸　　　E. 精氨酸代琥珀酰CoA

　　【正确答案】C　　　　　【易错答案】E

【答案分析】本题考查的知识点是鸟氨酸循环的过程。鸟氨酸接受氨甲酰基生成瓜氨酸，瓜氨酸穿出线粒体进入细胞质，受精氨酸代琥珀酸合成酶催化，与天冬氨酸进行缩合反应，生成精氨酸代琥珀酸，经裂解酶催化，精氨酸代琥珀酸裂解为精氨酸和延胡索酸，精氨酸酶催化精氨酸水解为尿素，鸟氨酸重新生成完成一次循环。

9. 以下哪项是体内氨的主要去路（　　）

　　A. 合成尿素　　　　　　B. 生成谷氨酰胺　　　　C. 合成非必需氨基酸

　　D. 以游离形式直接由尿排出　　　E. 用作其他含氮化合物的合成原料

　　【正确答案】A　　　　　【易错答案】B

【答案分析】本题考查的知识点是血氨的去路。血液中的氨气称为血氨，主要的代谢去路是在肝脏完成鸟氨酸循环合成尿素排泄。生成谷氨酰胺、合成非必需氨基酸、以游离形式排出体外也是血氨的去路，但不是主要的代谢去路。

10. 氨中毒的主要原因是（　　）

　　A. 食物蛋白质的腐败作用增强

　　B. 氨基酸在体内分解增强

　　C. 肾功能衰竭排出障碍

　　D. 肝功能损伤，不能合成尿素

　　E. 合成谷氨酰胺减少

　　【正确答案】D　　　　　【易错答案】C

【答案分析】本题考查的知识点是血氨的主要代谢去路。血氨主要的代谢去路是在肝脏完成鸟氨酸循环合成尿素排泄，当肝功能损伤时，不能合成尿素，引起氨中毒。肾脏不是合成尿素的场所。

11. 肾脏分泌的氨主要来自（　　）

A. 氨基酸的脱氨基作用　　　　B. 谷氨酰胺水解　　　　C. 尿素的水解

D. 氨基酸的非氧化脱氨基作用　　E. 谷氨酸的氧化脱氨基作用

【正确答案】B　　　　【易错答案】A

【答案分析】本题考查的知识点是血氨的来源。血氨主要来源包括：氨基酸的脱氨基作用和胺类分解产氨，蛋白质腐败作用和尿素分解产生的氨经肠道吸收，还有肾小管上皮细胞分泌的氨。在肾小管上皮细胞有活性很强的谷氨酰胺酶，可以将运输到肾脏的谷氨酰胺水解生成谷氨酸和氨，成为血氨的又一个来源，故选B。

12. S-腺苷甲硫氨酸的主要作用是（　　）

A. 合成同型半胱氨酸　　　　B. 补充甲硫氨酸　　　　C. 合成四氢叶酸

D. 生成腺苷酸　　　　　　　E. 提供活性甲基

【正确答案】E　　　　【易错答案】A

【答案分析】本题考查的知识点是甲硫氨酸的代谢。甲硫氨酸的代谢是完成一个循环过程，在这个循环过程中主要产生重要的代谢中间产物S-腺苷甲硫氨酸（SAM）是活性甲基的直接供体。在甲基转移酶的催化下将甲基转移给各种甲基受体分子，合成重要的甲基化合物。如去甲肾上腺素接受SAM提供的甲基后，生成肾上腺素。在循环代谢中，S-腺苷甲硫氨酸可以代谢生成同型半胱氨酸，但这不是S-腺苷甲硫氨酸的主要作用。故正确答案是E，不要误选A。

13. 下列哪种物质是体内硫酸根的活性形式（　　）

A. NAD^+　　B. FAD　　C. G-SH　　D. PAPS　　E. SAM

【正确答案】D　　　　【易错答案】E

【答案分析】本题考查的知识点是半胱氨酸的代谢。半胱氨酸氧化脱氨生成丙酮酸、氨和硫化氢，后者进一步氧化生成硫酸，生成的硫酸一部分以无机盐的形式随尿排出，另一部分则与ATP反应，被活化成活性硫酸根，即PAPS（3′-磷酸腺苷-5′-磷酸硫酸）。

14. 营养充足的婴儿、孕妇、恢复期病人，常保持（　　）

A. 氮负平衡　　　　B. 氮平衡　　　　C. 氮正平衡

D. 氮总平衡　　　　E. 摄入氮小于排出氮

【正确答案】C　　　　【易错答案】B

【答案分析】本题考查的知识点是氮平衡试验。氮平衡是指摄入氮量与排出氮量之间的平衡关系，反映体内蛋白质代谢概况。氮平衡有以下三种情况：氮总平衡，摄入氮等于排出氮，反映机体组织蛋白的分解与合成动态平衡，常见于健康的成年人；氮正平衡，摄入氮大于排出氮，反映机体组织的合成占优势，常见于儿童、孕妇和康复期患者；氮负平衡，摄入氮小于排出氮，反映机体组织蛋白的分解占优势，常见于消耗性疾病、大面积烧伤、大量失血的患者。

15. 食物蛋白质的互补作用是指（   ）

A. 脂肪与蛋白质混合食用，提高营养价值

B. 糖与蛋白质混合食用，提高营养价值

C. 几种蛋白质混合食用，提高营养价值

D. 糖、脂肪、蛋白质混合食用，提高营养价值

E. 各种营养物质混合食用，提高营养价值

【正确答案】C   【易错答案】E

【答案分析】本题考查的知识点是食物蛋白质的互补作用。将不同种类营养价值较低的蛋白质混合食用，可以互相补充所缺少的必需氨基酸，从而提高蛋白质的营养价值，称为食物蛋白质的互补作用，故选 C。

16. 下列氨基酸相应的酮酸，何者是三羧酸循环的中间产物（   ）

A. 丙氨酸   B. 鸟氨酸   C. 色氨酸

D. 赖氨酸   E. 谷氨酸

【正确答案】E   【易错答案】A

【答案分析】本题考查了氨基酸脱氨基后生成的相应的 α-酮酸，同时又考查了三羧酸循环的代谢过程。谷氨酸脱氨基生成 α-酮戊二酸，α-酮戊二酸是三羧酸循环代谢的中间代谢产物。

17. 参与联合脱氨基过程的维生素有（   ）

A. 维生素 B_6、B_2 B. 维生素 B_1、PP   C. 维生素 B_2、B_6

D. 维生素 B_6、PP   E. 维生素 B_1、B_2

【正确答案】D   【易错答案】A

【答案分析】本题考查的知识点包括联合脱氨基作用所需要的酶及这些酶的辅酶构成需要何种 B 族维生素。联合脱氨基作用是氨基酸脱氨基作用的主要方式，主要是转氨基作用联合谷氨酸的氧化脱氨作用，这一代谢过程中需要氨基酸转氨酶和 L-谷氨酸脱氢酶的催化，氨基酸转氨酶的辅酶是磷酸吡哆醛或磷酸吡哆胺，是维生素 B_6 的活性形式，L-谷氨酸脱氢酶的辅酶是 NAD^+ 或 $NADP^+$，是维生素 PP 的活性形式。故正确答案是 D。

18. 经脱羧基作用后生成 γ-氨基丁酸的是（   ）

A. 酪氨酸   B. 半胱氨酸   C. 天冬氨酸

D. 谷氨酸   E. 谷氨酰胺

【正确答案】D   【易错答案】E

【答案分析】本题考查的知识点是氨基酸的脱羧基作用。谷氨酸的脱羧基产物是 γ-氨基丁酸，故选 D。

19. 儿茶酚胺是由哪种氨基酸转化产生的（   ）

A. 谷氨酸   B. 色氨酸   C. 天冬氨酸

D. 酪氨酸   E. 组氨酸

【正确答案】D 【易错答案】B

【答案分析】本题考查的知识点是芳香族氨基酸的代谢。芳香族氨基酸苯丙氨酸在苯丙氨酸羟化酶的催化下完成单向不可逆的反应生成酪氨酸，酪氨酸羟化酶催化首先生成多巴，多巴脱羧生成多巴胺，多巴胺羟化生成去甲肾上腺素，去甲肾上腺素甲基化生成肾上腺素，多巴胺、去甲肾上腺素和肾上腺素合称为儿茶酚胺。在体内，由酪氨酸代谢生成儿茶酚胺，正确答案是D。色氨酸也属于芳香族氨基酸，但儿茶酚胺不是由色氨酸代谢生成的，不要误选B。

20. 经代谢转变生成牛磺酸的氨基酸是（ ）

A. 半胱氨酸　　　　　　B. 甲硫氨酸　　　　　　C. 苏氨酸
D. 异亮氨酸　　　　　　E. 缬氨酸

【正确答案】A 【易错答案】B

【答案分析】本题考查的知识点是含硫氨基酸的代谢。半胱氨酸是含硫氨基酸，半胱氨酸氧化脱氨的产物是硫酸，脱羧基作用的产物是牛磺酸。正确答案是A。甲硫氨酸也是含硫氨基酸，但甲硫氨酸在代谢过程主要是生成活性甲基的直接供体S-腺苷甲硫氨酸。

21. 肌肉组织中氨基酸最主要的脱氨基方式是（ ）

A. 转氨基作用联合嘌呤核苷酸循环
B. 转氨基与谷氨酸氧化脱氨基的联合作用
C. 转氨基作用
D. D-氨基酸氧化脱氨基作用
E. L-谷氨酸氧化脱氨

【正确答案】A 【易错答案】B

【答案分析】本题考查的知识点是氨基酸的联合脱氨基作用。联合脱氨基作用是氨基酸脱氨基的主要方式，在肝、肾等组织主要是转氨基作用联合谷氨酸的氧化脱氨基作用，需要氨基酸转氨酶和L-谷氨酸脱氢酶的催化。在肌肉组织中由于L-谷氨酸脱氢酶的活性很弱，无法进行上述的联合脱氨基作用，而是转氨基作用联合嘌呤核苷酸循环代谢脱去氨基，正确答案是A。不要忽视题干中强调的是肌肉组织中的脱氨基方式，误选B。

22. 在鸟氨酸循环中，直接生成尿素的中间产物是（ ）

A. 精氨酸　　　　　　　B. 瓜氨酸　　　　　　　C. 鸟氨酸
D. 精氨酸代琥珀酸　　　E. 天冬氨酸

【正确答案】A 【易错答案】D

【答案分析】本题考查的知识点是鸟氨酸循环合成尿素的代谢过程。鸟氨酸循环过程中精氨酸在精氨酸酶催化下水解为尿素和重新生成鸟氨酸，正确答案是A。鸟氨酸循环代谢中关键酶是精氨酸代琥珀酸合成酶，在该酶的作用下生成精氨酸代琥珀酸，但精氨酸代琥珀酸不是直接生成尿素的中间代谢物，不要误选D。

23. 蛋白质的营养价值取决于（　　）

A. 氨基酸的种类、数量和比例

B. 氨基酸的种类和比例

C. 氨基酸的数量和比例

D. 人体对氨基酸的需要量

E. 必需氨基酸的种类、数量和比例

【正确答案】E　　　　　　【易错答案】A

【答案分析】本题考查的知识点是食物蛋白质的营养价值。食物蛋白质的营养价值即食物蛋白质被人体利用的程度，其高低取决于组成蛋白质中必需氨基酸的种类、数量和比例。与人体组织蛋白的氨基酸组成越接近，人体对其利用率就越高，正确答案是E。A选项没有强调是必需氨基酸，不是正确答案。

24. 尿素合成过程中，第2个氨源是（　　）

A. 天冬酰胺　　　　　B. 天冬氨酸　　　　　C. 谷氨酰胺

D. 游离氨　　　　　　E. 鸟氨酸

【正确答案】B　　　　　　【易错答案】D

【答案分析】本题考查的知识点是尿素的合成过程。在尿素的合成过程中，第一个氨基来源于游离的氨，第二个氨基来源于天冬氨酸的氨基，正确答案是B。

25. 下列哪种化合物不能由酪氨酸代谢转变（　　）

A. 肾上腺素　　　　　B. 多巴胺　　　　　　C. 甲状腺素

D. 苯丙氨酸　　　　　E. 黑色素

【正确答案】D　　　　　　【易错答案】E

【答案分析】本题考查的知识点是芳香族氨基酸的代谢。芳香族氨基酸苯丙氨酸在苯丙氨酸羟化酶的催化下完成单向不可逆的反应生成酪氨酸，酪氨酸代谢可以生成多巴胺、去甲肾上腺素、肾上腺素，甲状腺素、黑色素。苯丙氨酸代谢生成酪氨酸是不可逆的反应，所以苯丙氨酸不能由酪氨酸代谢生成，正确答案是D。

（二）多选题

1. 由氨基酸参与生成的神经递质和激素有（　　）

A. 5-羟色胺　　　　　B. 去甲肾上腺素　　　C. γ-氨基丁酸

D. 甲状腺素　　　　　E. 多巴胺

【正确答案】ABCDE　　　【易错答案】A

【答案分析】本题考查的知识点是氨基酸代谢的产物。5-羟色胺是色氨酸先羟化生成5-羟色氨酸，然后脱羧生成的神经递质。去甲肾上腺素、多巴胺和甲状腺素是酪氨酸在体内的代谢产物。γ-氨基丁酸是谷氨酸脱羧的产物，注意不要漏选。

2. 参与氨基酸联合脱氨基作用的维生素有（　　）

　　A. 维生素 PP　　　　　　　　B. 维生素 B_6　　　　　　　　C. 维生素 B_{12}

　　D. 维生素 B_2　　　　　　　　E. 维生素 B_1

【正确答案】AB　　　　　　　【易错答案】D

【答案分析】本题考查的知识点是氨基酸的联合脱氨基作用所需要的酶及这些酶的辅酶构成需要何种 B 族维生素。联合脱氨基作用是氨基酸脱氨基作用的主要方式，主要是转氨基作用联合谷氨酸的氧化脱氨作用，这一代谢过程中需要氨基酸转氨酶和 L-谷氨酸脱氢酶的催化，氨基酸转氨酶的辅酶是磷酸吡哆醛或磷酸吡哆胺，是维生素 B_6 的活性形式，L-谷氨酸脱氢酶的辅酶是 NAD^+ 或 $NADP^+$，是维生素 PP 的活性形式。故正确答案是 A、B。

3. 与蛋白质代谢有关的循环途径有（　　）

　　A. 三羧酸循环　　　　　　　B. 甲硫氨酸循环　　　　　　　C. 嘌呤核苷酸循环

　　D. 核蛋白体循环　　　　　　E. 柠檬酸-丙酮酸循环

【正确答案】ABCD　　　　　　【易错答案】E

【答案分析】本题考查的知识点是蛋白质的代谢。蛋白质的代谢包括分解代谢和合成代谢两个方面。在分解代谢中要彻底氧化分解需要最终的代谢途径三羧酸循环，甲硫氨酸循环是个别氨基酸的代谢，嘌呤核苷酸循环是氨基酸联合脱氨基的一种方式，核蛋白体循环是蛋白质合成过程中肽链延长阶段的反应，包括进位、成肽和转位。正确答案是 A、B、C、D。选项 E 是脂肪酸合成代谢过程中反应，与蛋白质代谢无关。

4. 人体内蛋白质彻底分解的最终代谢产物是（　　）

　　A. 氨基酸　　　B. NH_3　　　C. CO_2　　　D. H_2O　　　E. 尿素

【正确答案】CDE　　　　　　　【易错答案】B

【答案分析】本题考查的知识点是蛋白质的分解代谢。蛋白质分解生成氨基酸后，氨基酸通过脱氨基作用释放出氨，生成相应的 α-酮酸，氨主要在肝脏完成鸟氨酸循环合成尿素随尿排出，α-酮酸彻底氧化分解生成 CO_2 和 H_2O。正确答案是 C、D、E，注意不要误选 B。氨是蛋白质的代谢产物但不是最终代谢产物。

5. 催化氨基酸联合脱氨基所需的酶是（　　）

　　A. D-氨基酸氧化酶　　　　　B. 转氨酶　　　　　　　　　　C. L-谷氨酸脱氢酶

　　D. 谷氨酰胺酶　　　　　　　E. L-氨基酸氧化酶

【正确答案】BC　　　　　　　【易错答案】E

【答案分析】本题考查的知识点是氨基酸的联合脱氨基作用。氨基酸的联合脱氨基作用是氨基酸脱氨基的主要方式，是转氨基作用联合谷氨酸的氧化脱氨作用，需要转氨酶和 L-谷氨酸脱氢酶的催化。

6. 生物体生成氨基酸的方式有（　　）

A. 由 α-酮酸经还原加氨基作用

B. 由 α-酮酸经氨基转移作用

C. 由氨基酸相互转化

D. 由 H_2O，CO_2 与 NH_3 合成

E. 多肽分解产生

【正确答案】ABCE　　　　　【易错答案】D

【答案分析】本题考查的知识点是氨基酸的生成。由 α-酮酸经还原加氨基作用可以合成机体内的非必需氨基酸，由 α-酮酸在转氨酶的催化下经氨基转移作用生成氨基酸，在转氨酶催化下由氨基酸相互转化生成，多肽在多肽酶的催化下分解生成氨基酸。正确答案是 A、B、C、E。由 H_2O，CO_2 与 NH_3 消耗 ATP 合成的是氨基甲酰磷酸，而不是氨基酸。

7. 通过转氨基作用直接生成相应氨基酸的酮酸有（　　）

A. 丙酮酸　　　　　B. 草酰乙酸　　　　　C. α-酮戊二酸

D. 乙酰乙酸　　　　E. 丙酮

【正确答案】ABC　　　　　【易错答案】D、E

【答案分析】α-酮酸氨基化生成相应的氨基酸。丙酮酸氨基化生成丙氨酸，草酰乙酸氨基化生成天冬氨酸，α-酮戊二酸氨基化生成谷氨酸。乙酰乙酸和丙酮无法氨基化生成氨基酸。正确答案是 A、B、C。

8. 氨基酸经脱氨基作用产生的 α-酮酸的代谢去路有（　　）

A. 氧化供能　　　　B. 转变成脂肪　　　　C. 转变成糖

D. 转变成所需的各种氨基酸　　E. 酮体

【正确答案】ABCE　　　　　【易错答案】D

【答案分析】本题考查的知识点是氨基酸脱氨基作用后生成的相应的 α-酮酸的代谢去路。α-酮酸可以最终进入三羧酸循环彻底氧化分解供能；通过糖异生作用转变生成糖；分解生成乙酰辅酶 A 后，可以用于脂肪酸的合成，进而合成脂肪，亦可以合成酮体进一步代谢。正确答案是 A、B、C、E。不要误选 D，α-酮酸可以转化生成非必需氨基酸，无法合成所需的各种氨基酸。

9. 血氨（NH_3）来自（　　）

A. 氨基酸氧化脱下的氨　　B. 肠道细菌代谢产生的氨　　C. 含氮化合物分解产生的氨

D. 转氨基作用产生的氨　　E. 谷氨酰胺分解

【正确答案】ABCE　　　　　【易错答案】D

【答案分析】本题考查的知识点是血氨的来源。血氨的来源主要有：①氨基酸的脱氨基作用；②胺类分解产氨；③肾小管上皮细胞的泌氨（谷氨酰胺的分解）；④氨基酸的腐败作用产氨；⑤肠道尿素水解产氨。正确答案是 A、B、C、E。不要误选 D，转氨基作用过程中，氨基只是从一个氨基酸的结构中转移到了另一个氨基酸的结构中，并没有以氨的形式释放出来，故正

确答案不包括 B 选项。

10. 消除血氨的方式有（　　）

A. 合成非必需氨基酸　　B. 合成尿素　　　　　　C. 合成谷氨酰胺

D. 合成含氮化合物　　　E. 合成肌酸

【正确答案】ABCD　　　　　【易错答案】E

【答案分析】本题考查的知识点是血氨的代谢去路。血氨的去路主要有：①在肝脏完成鸟氨酸循环合成尿素，随尿排出；②合成非必需氨基酸及其他含氮物质；③合成谷氨酰胺；④与 H^+ 结合形成 NH_4^+ 排出体外。正确答案是 A、B、C、D。

（三）名词解释

1. 氮平衡

【正确答案】氮平衡是指摄入氮量与排出氮量之间的平衡关系，反映体内蛋白质代谢概况。

2. 食物蛋白质的互补作用

【正确答案】将不同种类营养价值较低的蛋白质混合食用，可以互相补充所缺少的必需氨基酸，从而提高蛋白质的营养价值，称为食物蛋白质的互补作用。

3. 蛋白质的腐败作用

【正确答案】未被消化的蛋白质和未被吸收的氨基酸在肠道细菌的作用下，主要产生一系列对人体有害的物质和少量的营养素，称为蛋白质的腐败作用。

4. 一碳单位

【正确答案】有些氨基酸在体内分解过程中可产生含一个碳原子的活性基团，称为一碳单位。常与四氢叶酸等结合转运并参加代谢。

（四）简答题

1. 何谓氮平衡，简述氮平衡的三种情况。

【正确答案】氮平衡是指摄入氮量与排出氮量之间的平衡关系，反映体内蛋白质代谢概况。氮平衡有以下三种情况：①氮总平衡：摄入氮等于排出氮，反映体内组织蛋白的合成与分解动态平衡。②氮正平衡：摄入氮大于排出氮，反映体内组织蛋白的合成占优势。③氮负平衡：摄入氮小于排出氮，反映体内组织蛋白的分解占优势。

2. 简述血氨的来源与去路。

【正确答案】血氨的来源：①氨基酸的脱氨基作用；②胺类分解产氨；③肾小管上皮细胞的泌氨；④氨基酸的腐败作用产氨；⑤肠道尿素水解产氨。

血氨的去路：①在肝脏完成鸟氨酸循环合成尿素，随尿排出；②合成非必需氨基酸及其他含氮物质；③合成谷氨酰胺；④与 H^+ 结合形成 NH_4^+ 排出体外。

第九章 核苷酸代谢

◎ **重点** ◎

1. 核苷酸的从头合成的主要过程
2. 核苷酸分解的主要过成

◎ **难点** ◎

核苷酸从头合成中的重要反应及中间产物

常见试题

（一）单选题

1. 酰胺转移酶催化下列哪一步反应（　　）

A. 由 R-5-P 合成 PRPP

B. 将甘氨酸加到正在形成的嘧啶环上

C. 谷氨酰胺使 PRPP 氨基化

D. 嘌呤中的嘧啶环氨基化

E. 氨基甲酰磷酸转移到天冬氨酸上

【正确答案】C　　　　【易错答案】A、B、D、E

【答案分析】本题考查的是嘌呤核苷酸从头合成途径的关键反应步骤，酰胺转移酶催化的是 5'-磷酸核糖焦磷酸（PRPP）与谷氨酰胺生成 5'-磷酸核糖胺和谷氨酸的反应，因此选 C。

2. 由 IMP 合成 XMP 的受氢体是（　　）

A. FAD　　　B. NAD^+　　　C. $NADP^+$　　　D. O_2　　　E. FMN

【正确答案】B　　　　【易错答案】A、C、E

【答案分析】本题考查的是嘌呤核苷酸从头合成途径的第三个阶段，生成 GMP 的反应过程。在生成 IMP 后，在 IMP 脱氢酶的作用下，IMP 脱氢生成 XMP，后者再与谷氨酰胺反应获得氨基，消耗 ATP，生成 GMP。IMP 脱氢酶的辅酶是 NAD^+，因此选 B。其他四个选项都可作为受氢体，但每一种所参与的反应不同，尤其 C 选项 $NADP^+$ 与 NAD^+ 结构名称类似易混淆。

3. 为 IMP 转变为 GMP 提供氨基的物质是（   ）
   A. 谷氨酸   B. 天冬氨酸   C. 尿素   D. 谷氨酰胺   E. 天冬酰胺
   【正确答案】D   【易错答案】A、B、E

   【答案分析】本题考查的是嘌呤核苷酸从头合成途径的第三个阶段，生成 GMP 的反应过程。在生成 IMP 后，在 IMP 脱氢酶的作用下，IMP 脱氢生成 XMP，后者再与谷氨酰胺反应获得氨基，消耗 ATP，生成 GMP。A、B、D、E 四个选项在本章中出现频率较高，也都参与核苷酸合成反应，且名称易混淆。本题应选 D。

4. 脱氧核糖核苷酸生成方式主要是（   ）
   A. 直接由核糖还原   B. 由核苷还原   C. 由核苷酸还原
   D. 由二磷酸核苷还原   E. 由三磷酸核苷还原
   【正确答案】D   【易错答案】B、C、E

   【答案分析】本题考查的是脱氧核糖核苷酸的生成过程，dATP、dGTP、dCTP 都是由 NDP 在核苷酸还原酶的作用下生成 dNDP，dTTP 是由 dUMP 结合一碳单位甲基后生成 dTMP，后者再磷酸化生成脱氧核糖核苷酸。B、C、D、E 四个选项的名称相近，易混淆，需在掌握核苷酸结构的基础上，掌握核苷酸的合成过程。本题应选 D。

5. 以整个分子掺入嘌呤环的氨基酸是（   ）
   A. 丝氨酸   B. 天冬氨酸   C. 甘氨酸   D. 丙氨酸   E. 谷氨酸
   【正确答案】D   【易错答案】B、E

   【答案分析】本题考查的是嘌呤核苷酸从头合成途径的第二个阶段，嘌呤环的成环原子的来源。本题应选 D，B、E 两项也都参与了嘌呤环的合成过程，但并非整分子都掺入，因此是错误的。

6. 合成嘌呤核苷酸时，它的三个组成部分按哪种顺序合成（   ）
   A. 嘧啶环→咪唑环→5-磷酸核糖
   B. 咪唑环→嘧啶环→5-磷酸核糖
   C. 5-磷酸核糖→嘧啶环→咪唑环
   D. 嘧啶环→5-磷酸核糖-咪唑环
   E. 5-磷酸核糖→咪唑环→嘧啶环
   【正确答案】E   【易错答案】C

   【答案分析】本题考查的是嘌呤核苷酸从头合成途径的主要过程。嘌呤核苷酸合成时，先合成 5-磷酸核糖，再合成咪唑环，再合成嘧啶环，因此本题选 E。

7. 嘌呤与嘧啶核苷酸合成过程中共同需要的酶是（   ）
   A. CPS-Ⅱ   B. 酰胺转移酶   C. 天冬氨酸氨基甲酰基转移酶
   D. 磷酸核糖焦磷酸合成酶   E. CPS-Ⅰ
   【正确答案】D   【易错答案】A、B、C

【答案分析】本题考查的是嘌呤核苷酸与嘧啶核苷酸从头合成途径的异同。不管是哪种核苷酸，都需要合成 PRPP，因此磷酸核糖焦磷酸合成酶是两条途径都需要的酶，A、C 选项是嘧啶核苷酸所需要的酶，B 是嘌呤核苷酸合成所需要的酶，故本题选 D。

8. 下列何种物质在体内的分解代谢物积聚可引起痛风症（　　）
　　A. 次黄嘌呤　　B. 尿嘧啶　　C. 胞嘧啶　　D. 别嘌呤醇　　E. 尿苷
　　【正确答案】A　　　　　　【易错答案】B、C、D、E
　　【答案分析】本题考查的是嘌呤核苷酸分解代谢的过程，痛风主要是血液中尿酸过高使尿酸结晶盐沉积导致的，尿酸是嘌呤碱基的代谢产物，因此 B、C、E 选项可排除，D 选项别嘌呤醇是治疗痛风的嘌呤碱基类似物，因此本题应选 A。

9. HGPRT（次黄嘌呤－鸟嘌呤磷酸核糖转移酶）参与下列哪种反应（　　）
　　A. 嘧啶核苷酸从头合成　　B. 嘌呤核苷酸从头合成　　C. 嘧啶核苷酸补救合成
　　D. 嘌呤核苷酸补救合成　　E. 嘌呤核苷酸的分解
　　【正确答案】D　　　　　　【易错答案】A、B、C、E
　　【答案分析】本题考查的是嘌呤核苷酸补救合成途径的主要过程。HGPRT 催化次黄嘌呤或鸟嘌呤与 PRPP 合成 IMP 和 GMP 的过程。故本题应选 D。

10. 下列哪一器官或组织中可进行嘌呤核苷酸的从头合成（　　）
　　A. 小肠黏膜　　B. 肝　　C. 血液　　D. 肾脏　　E. 骨骼肌
　　【正确答案】B　　　　　　【易错答案】A
　　【答案分析】本题考查的是嘌呤核苷酸的合成器官，主要为肝脏，其次为小肠和胸腺，因此答案为 B。

11. 下列能够联系核苷酸代谢和糖代谢的物质是（　　）
　　A. 5-磷酸核糖　　B. 6-磷酸葡萄糖　　C. 6-磷酸果糖
　　D. 乙酰辅酶 A　　E. 草酰乙酸
　　【正确答案】A　　　　　　【易错答案】B、C、D、E
　　【答案分析】本题考查的是核苷酸代谢和糖代谢的共同代谢物，葡萄糖经磷酸戊糖途径生可成 5-磷酸核糖，既参与核苷酸代谢又是糖代谢产物，而其他四种物质都不直接参与核苷酸代谢。

12. 下列可参与氨基酸联合脱氨基作用的物质是（　　）
　　A. XMP　　B. CTP　　C. IMP　　D. UMP　　E. OMP
　　【正确答案】C　　　　　　【易错答案】A、B、D、E
　　【答案分析】本题考查的是核苷酸代谢与氨基酸代谢的联系，氨基酸在肌肉组织中可通过嘌呤核苷酸循环脱去氨基，其中参与者是 IMP，与天冬氨酸结合生成腺苷酸代琥珀酸，因此选 C。其他均不参与氨基酸脱氨基作用，OMP 为乳清酸核苷酸。

13. 嘌呤核苷酸从头合成途径中的关键酶是（　　）
A. 6-磷酸葡萄糖脱氢酶　　　B. 腺苷酸代琥珀酸合成酶
C. 酰胺转移酶　　　　　　　D. 腺苷酸代琥珀酸裂解酶
E. PRPP 合成酶
【正确答案】C　　　　　　【易错答案】A、B、D、E
【答案分析】本题考查的是嘌呤核苷酸从头合成途径的关键反应，是 PRPP 脱去焦磷酸与谷氨酰胺合成 5′-磷酸核糖胺，由 PRPP 酰胺转移酶催化，因此本题应选 C。

14. 嘧啶核苷酸从头合成过程中，氨基甲酰磷酸合成的场所在（　　）
A. 细胞核　　　　B. 细胞质　　　　C. 线粒体
D. 内质网　　　　E. 高尔基体
【正确答案】B　　　　　　【易错答案】A、C、D、E
【答案分析】本题考查的是嘧啶核苷酸从头合成途径，首先是由 CO_2 与谷氨酰胺合成氨基甲酰磷酸。该反应由 CPS-Ⅱ 催化，发生在肝脏细胞胞质，因此本题应选 B。

15. 嘧啶核苷酸从头合成途径中的关键酶是（　　）
A. CPS-Ⅰ　　　　B. CPS-Ⅱ　　　　C. ASS
D. 二氢乳清酸脱氢酶　　　E. 二氢乳清酸酶
【正确答案】B　　　　　　【易错答案】A
【答案分析】本题考查的是嘧啶核苷酸从头合成途径，关键反应是氨基甲酰磷酸的合成，该反应是由氨基甲酰磷酸合成酶Ⅱ，即 CPS-Ⅱ 催化，因此本题应选 B。A 选项 CPS-Ⅰ 是尿素合成的一个酶，也催化氨基甲酰磷酸的合成，因此易混淆。

16. CO_2 未参与下列哪个过程（　　）
A. IMP 合成　　　B. 糖异生　　　C. UMP 合成
D. 尿素合成　　　E. 嘧啶环的合成
【正确答案】B　　　　　　【易错答案】A、C、D、E
【答案分析】本题考查的是核苷酸、氨基酸与糖三类物质代谢的区别与联系，嘌呤和嘧啶核苷酸的合成都需要 CO_2 的参与，氨基酸脱下的氨基生成尿素也需要 CO_2 的参与，只有糖异生不需要，因此本题应选 B。

17. 胞嘧啶分解代谢后所产生的最终产物是（　　）
A. α-丙氨酸　　　B. β-丙氨酸　　　C. γ-氨基丁酸
D. β-氨基丁酸　　　E. β-羟丁酸
【正确答案】B　　　　　　【易错答案】A、C、D、E
【答案分析】本题考查的是嘧啶核苷酸的分解代谢，胞嘧啶脱氨基生成尿嘧啶后再逐步生成 β-丙氨酸与 CO_2、NH_3，胸腺嘧啶则还原成二氢胸腺嘧啶后开环生成 β-脲基异丁酸，最后生成 β-氨基异丁酸。因此本题应选 B。

18. β-脲基异丁酸是下列哪个物质的分解产物（　　）

A. UMP　　　B. CMP　　　C. GMP　　　D. AMP　　　E. TMP

【正确答案】E　　　　　　【易错答案】B

【答案分析】本题考查的是嘧啶核苷酸的分解代谢，胞嘧啶脱氨基生成尿嘧啶后再逐步生成β-丙氨酸与CO_2、NH_3，胸腺嘧啶则还原成二氢胸腺嘧啶后开环生成β-脲基异丁酸，最后生成β-氨基异丁酸。因此本题应选E。

（二）多选题

1. 对于嘌呤核苷酸从头合成的叙述下列说法中错误的有（　　）

A. 嘌呤环的氮原子均来自氨基酸的α-氨基

B. 合成过程中不会产生自由嘌呤碱

C. 由IMP合成AMP和GMP均由ATP供能

D. 氨基甲酰磷酸为嘌呤环提供氨甲酰基

E. 所有细胞都具有从头合成嘌呤核苷酸的能力

【正确答案】ACDE　　　　　　【易错答案】B

【答案分析】本题考查的是嘌呤核苷酸从头合成途径。嘌呤环的氮原子有的来自氨基酸的α-氨基，亦可来自于酰胺基，故A错误；由IMP合成GMP由ATP供能；嘌呤核苷酸的从头合成过程中产生的嘌呤碱连有5'-磷酸核糖，故B正确；IMP合成AMP由GTP供能，故C错误；氨基甲酰磷酸为嘧啶环提供氨甲酰基，故D错误；从头合成嘌呤核苷酸只能在肝脏、小肠或胸腺中发生，故E错误。本题应选A、C、D、E。

2. 下列物质中，哪些不是嘌呤核苷酸和嘧啶核苷酸从头合成都消耗的（　　）

A. 天冬氨酸　　　B. 谷氨酸　　　C. 谷氨酰胺

D. 一碳单位　　　E. 甘氨酸

【正确答案】BDE　　　　　　【易错答案】A、C

【答案分析】本题考查的是嘌呤与嘧啶核苷酸从头合成途径的异同。嘧啶核苷酸从头合成不需要甘氨酸参与，一碳单位只在dUMP生成dTMP的过程中才需要，而无论哪种嘌呤核苷酸需要一碳单位和甘氨酸的参与；两种核碱基从头合成都不需要谷氨酸，因此本题应选B、D、E。

3. 下列反应中需要PRPP参加的反应有（　　）

A. 尿嘧啶转变为尿嘧啶核苷酸

B. 次黄嘌呤转变为次黄嘌呤核苷酸

C. 氨基甲酰天冬氨酸转变为乳清酸

D. 腺嘌呤转变为腺嘌呤核苷酸

E. 鸟嘌呤转变为鸟嘌呤核苷酸

【正确答案】ABDE　　　　　　【易错答案】C

【答案分析】本题考查的是核苷酸从头合成与补救合成代谢的主要过程。PRPP（5-磷酸核糖焦磷酸)主要为核苷酸提供核糖和磷酸,凡是被称为"核苷酸"的分子,都含有核糖和磷酸,因此除了C选项外,其他反应都需要PRPP的参与,因此本题应选A、B、D、E。

4. 下述哪些代谢途径不是嘧啶生物合成特有的(　　)

A. 甘氨酸完整地掺入分子中

B. 脱氧核苷酸由二磷酸核苷还原产生

C. 氨基甲酰磷酸提供一个氨甲酰基

D. 一碳单位由叶酸衍生物提供

E. 碱基是连在5-磷酸核糖上合成

【正确答案】ABDE　　　　【易错答案】C

【答案分析】本题考查的是核苷酸从头合成途径的主要过程。A、E是嘌呤核苷酸合成所特有的;B项说法不正确,dTMP是由dUMP生成的;D选项虽正确但不是嘧啶核苷酸特有的;仅有C选项所述是嘧啶生物合成特有,因此本题应选A、B、D、E。

5. 下列物质中属于体内嘧啶碱分解代谢终产物的有(　　)

A. 尿素　　　B. 尿酸　　　C. CO_2　　　D. NH_3　　　E. H_2O

【正确答案】CD　　　　【易错答案】A、B、E

【答案分析】本题考查的是嘌呤与嘧啶核苷酸分解代谢的主要过程。B项尿酸是嘌呤碱基的代谢产物,尿素和H_2O都不是碱基代谢的直接产物,因此本题应选C、D。

6. 下列哪些物质可以为嘌呤碱基提供氮原子(　　)

A. 甘氨酸　　　B. 谷氨酰胺　　　C. 天冬氨酸

D. 谷氨酸　　　E. 5-磷酸核糖胺

【正确答案】ABC　　　　【易错答案】D、E

【答案分析】本题考查的是嘌呤核苷酸从头合成途径的第二个阶段,嘌呤环的成环原子的来源。谷氨酸不参与嘌呤碱基的从头合成,5-磷酸核糖胺是嘌呤碱基合成的中间产物,因此本题应选A、B、C。

7. 胞嘧啶核苷酸从头合成的原料包括哪些物质(　　)

A. CO_2　　　B. 一碳单位　　　C. 谷氨酰胺

D. 天冬氨酸　　　E. 磷酸核糖

【正确答案】ACDE　　　　【易错答案】B

【答案分析】本题考查的是嘧啶核苷酸从头合成途径的主要过程。嘧啶环的合成原料包括天冬氨酸、谷氨酰胺与CO_2,加上磷酸核糖共同组成核苷酸,因此本题应选A、C、D、E。

8. 下列叙述错误的是(　　)

A. 由IMP合成AMP需要GTP　　　B. 由IMP合成GMP需要ATP

C. 由IMP合成XMP需要ATP　　　D. 由UTP合成CTP需要GTP

E. 由XMP合成GMP需要ATP

【正确答案】CD　　　　【易错答案】A、E

【答案分析】本题考查的是核苷酸从头合成途径的第三个阶段。IMP 合成 AMP 由 GTP 供能，IMP 合成 GMP 由 ATP 供能，UTP 合成 CTP 不需要提供能量，因此本题应选 C、D。

9.下列物质体内代谢能产生尿酸的有哪些（　　）

A. XMP　　　　B. AMP　　　　C. GMP　　　　D. IMP　　　　E. CMP

【正确答案】ABCD　　　　【易错答案】E

【答案分析】本题考查的是嘌呤与嘧啶核苷酸分解代谢的主要过程。尿酸是嘌呤碱基分解的产物，CMP 是嘧啶核苷酸，其他四项都是嘌呤核苷酸，应选 A、B、C、D。

（三）名词解释

1.嘌呤核苷酸的从头合成

【正确答案】指利用磷酸核糖、甘氨酸、天冬氨酸、谷氨酰胺、一碳单位及二氧化碳等小分子物质为原料，经过一系列酶促反应，从头合成嘌呤核苷酸的代谢过程，是体内大多数细胞嘌呤核苷酸合成的主要途径。

2.嘧啶核苷酸的从头合成

【正确答案】指利用磷酸核糖、天冬氨酸、谷氨酰胺和二氧化碳等小分子物质为原料，经过一系列酶促反应，从头合成嘧啶核苷酸的代谢过程。其合成特点是先合成嘧啶环然后再与磷酸核糖结合成为嘧啶核苷酸，UMP 是该合成途径的重要中间产物。该途径是体内大多数细胞嘧啶核苷酸合成的主要途径。

3.核苷酸的补救合成

【正确答案】利用体内现成的嘌呤、嘧啶碱或其核苷，经过磷酸核糖转移酶或核苷激酶等催化的简单反应，合成核苷酸的过程，反应过程较从头合成要简单，耗能亦少。

（四）简答题

1.试述嘌呤核苷酸补救合成的生理意义。

【正确答案】①节省能量和原料。补救合成途径可以节省嘌呤核苷酸从头合成时的能量和一些氨基酸的消耗。②某些器官缺乏嘌呤核苷酸从头合成的酶系，例如脑、骨髓等，这些器官只能进行嘌呤核苷酸的补救合成。所以对这些组织器官来讲，补救合成途径具有更重要的生物学意义。

2.试述氨基甲酰磷酸和 PRPP 在核苷酸代谢中的意义。

【正确答案】（1）氨基甲酰磷酸在尿素和嘧啶核苷酸的合成中具有十分重要的意义：①它是尿素合成的中间产物，属于高能磷酸化合物，性质活泼，易于在酶的催化下与鸟氨酸反应生成瓜氨酸，从而逐步合成尿素。②它也是嘧啶核苷酸从头合成途径的中间产物。

（2）PRPP 在嘌呤、嘧啶核苷酸的从头合成、补救合成过程中都是不可或缺的成分，故它在核苷酸代谢中具有十分重要的意义：①在嘌呤核苷酸从头合成的过程中，作为起始原料的 PRPP 与谷氨酰胺反应生成 PRA，再一步步合成各种嘌呤核苷酸。②在嘧啶核苷酸的从头合成过程中，乳清酸核苷酸的生成主要有 PRPP 参与，然后再一步步地合成 UMP 等。③在核苷酸的补救合成过程中，PRPP 与游离的碱基直接生成 NMP。

第十章　DNA 的生物合成

◎ 重点 ◎

1. DNA 复制的概念和基本规律
2. 原核生物的 DNA 复制体系
3. 原核生物 DNA 复制基本过程
4. DNA 的突变类型及损伤修复类型

◎ 难点 ◎

1. 半保留复制和半不连续复制
2. DNA 复制体系及各组分的功能

常见试题

（一）单选题

1. 合成 DNA 的原料是（　　）

A. dAMP，dGMP，dCMP，dTMP

B. dATP，dTTP，dGTP，dCTP

C. AMP，GMP，CMP，TMP

D. ATP，GTP，CTP，UTP

E. dADP，dGDP，dGDP，dCDP

【正确答案】B　　　　　　【易错答案】A、C、D、E

【答案分析】本题考查的是 DNA 复制的概念，DNA 的复制是指以亲代 DNA 为模版，以四种脱氧核糖核苷酸为原料，合成与其碱基序列几乎完全相同的子代 DNA 分子的过程。因此本题应选 B，脱氧核糖核苷三磷酸。

2. DNA 复制的方向性是指（　　）

A. 只能从 5′端向 3′端延长

B. DNA 双螺旋上两股单链走向相反，一股从 5′→3′延长，一股从 3′→5′延长

C. 两股单链走向相同

D. 两股均为连续复制

E. 多个复制起始点，有多种复制方向

【正确答案】A　　　　　　　　【易错答案】B、C、D、E

【答案分析】本题考查的是DNA复制的基本规律与DNA聚合酶的特点，DNA聚合酶只具有5′→3′聚合酶活性，因此新链的合成只能从5′端向3′端延长，双向复制是指从复制起始位点，模板链向两个方向解链，形成两个复制叉，而不是新链的合成方向有两个，易混淆。本题应选A。

3. 下列哪项不是DNA模板的作用（　　　）

A. 在复制中指导合成RNA引物

B. 在复制中指导合成DNA片段

C. 在复制中指导修补RNA引物缺口

D. 在逆转录中指导DNA合成

E. 在转录中指导RNA合成

【正确答案】D　　　　　　　　【易错答案】A、B、C、E

【答案分析】本题考查的是DNA的复制体系，亲代DNA作为模板复制时指导DNA聚合酶和引物酶或在转录时指导RNA聚合酶合成与模板链互补的新链，但逆转录是指以RNA链为模板合成杂化双链，所以本题应选D。

4. 下列因素参与维持DNA复制保真性的是（　　　）

A. DNA的SOS修复

B. DNA聚合酶具有精确的碱基选择功能

C. tRNA译码的摆动性

D. 密码子的简并性

E. 氨酰tRNA合成酶对氨基酸的高度专一性

【正确答案】B　　　　　　　　【易错答案】A、C、D、E

【答案分析】本题考查的是DNA复制的基本规律，高保真性所依靠的机制：①碱基互补配对原则；②DNA聚合酶的碱基选择功能；③DNA聚合酶3′→5′外切酶功能能及时校对错误配对的碱基；④细胞内的DNA损伤修复系统。因此本题只有B是正确的。

5. 冈崎片段是指（　　　）

A. 模板DNA中的一段DNA

B. 由引物酶催化合成的RNA片段

C. 在滞后链上由引物引导合成的DNA片段

D. 除去RNA引物后所修补的DNA片段

E. 在前导链上合成的DNA片段

【正确答案】C　　　　　　　　【易错答案】A、B、D、E

【答案分析】本题考查的是冈崎片段的概念，根据概念，本题应选 C。

6. 关于原核 DNA 聚合酶Ⅲ的描述，错误的是（　　）

　　A. 该酶是原核 DNA 复制所需的主要聚合酶

　　B. 聚合 DNA 时需要引物

　　C. 含有至少十种不同的亚基

　　D. 全酶中含两个核心酶，分别合成前导链和后续链

　　E. 该酶有两种方向的外切核酸酶活性

【正确答案】E　　　　　　【易错答案】A、B、C、D

【答案分析】本题考查的是原核 DNA 聚合酶Ⅲ的特点，DNA pol Ⅲ只有 3'→5'核酸外切酶活性，DNA pol Ⅰ具有 3'→5'及 5'→3'核酸外切酶活性，两个酶在外切酶活性上有所区别，易混淆。本题应选 E。

7. DNA 聚合酶催化的反应不包括（　　）

　　A. 催化引物的 3'-羟基与 dNTP 反应

　　B. 催化 DNA 的 3'-羟基与 dNTP 反应

　　C. 催化合成引物

　　D. 切除错配核苷酸

　　E. 切除引物或存上 DNA 片段

【正确答案】C　　　　　　【易错答案】A、B、D、E

【答案分析】本题考查的是 DNA 聚合酶的特点，其只能利用已有的 3'-OH，因此须引物酶提前合成引物，因此本题应选 C。

8. 当 DNA 复制时，顺序为 5'-AGAT-3' 的片段将会产生下列哪一种互补结构（　　）

　　A. 5'-TCTA-3'　　　　　B. 5'-UCUA-3'　　　　　C. 3'-TCTA-5'

　　D. 3'-UCUA-5'　　　　　E. 5'-ATCT-3'

【正确答案】E　　　　　　【易错答案】A、B、C、D

【答案分析】本题考查的是 DNA 复制的基本规律及核酸的书写规范。按照互补配对原则可得题目给出的核酸序列应是"TCTA"，因此 B、D 两项排除；单链核酸的书面表达应左侧为 5'端，因此答案应选 E，A、C 两项错误。

9. 下列关于 DNA 连接酶的功能描述正确的是（　　）

　　A. 合成 RNA 引物　　　　　　　　B. 将双螺旋解链

　　C. 连接 DNA 分子上的单链缺口　　D. 使相邻的两个 DNA 单链连接

　　E. 补齐引物切除后留下的缺口

【正确答案】C　　　　　　【易错答案】A、B、D、E

【答案分析】本题考查的是 DNA 连接酶的活性特点，该酶连接 DNA 的 3'-OH 和另一 DNA 的 5'-P 末端，形成 3',5'-磷酸二酯键，使两条相邻的 DNA 链连接成一条完整的链。该酶只能

作用于碱基互补基础上的双链中的单链缺口，不能连接单独存在的 DNA 单链或 RNA 单链，主要在后随链的相邻冈崎片段的缺口连接，也在 DNA 修复、重组和剪接中发挥缝合缺口的作用。因此，本题应选 C。

10. DNA 连接酶在下列哪一个过程中是不需要的（　　）

A. DNA 复制　　　　　　B. 制备重组 DNA　　　　　　C. 损伤 DNA 切除修复

D. 冈崎片段的连接　　　E. 转录

【正确答案】E　　　　　　　　【易错答案】A、B、C、D

【答案分析】本题考查的是 DNA 连接酶的活性特点，该酶连接 DNA 的 3'-OH 和另一 DNA 的 5'-P 末端，形成 3',5'-磷酸二酯键，使两条相邻的 DNA 链连接成一条完整的链。该酶只能作用于碱基互补基础上的双链中的单链缺口，不能连接单独存在的 DNA 单链或 RNA 单链，主要在后随链的相邻冈崎片段的缺口连接，也在 DNA 修复、重组和剪接中发挥缝合缺口的作用。转录过程中不需要连接缺口，因此本题应选 E。

11. 在 DNA 复制中，RNA 引物的作用是（　　）

A. 使 DNA 聚合酶Ⅲ活化

B. 使 DNA 双链解开

C. 提供 5'-P 末端作合成新 DNA 链起点

D. 提供 3'-OH 末端作合成新 RNA 链起点

E. 提供 3'-OH 末端作合成新 DNA 链起点

【正确答案】E　　　　　　　　【易错答案】A、B、C、D

【答案分析】本题考查的是 DNA 复制体系，DNA 聚合酶只能利用已有的 3'-OH，引物的作用就在于此，因此本题应选 E。

12. 关于原核生物 DNA 聚合酶（DNA-pol）正确的是（　　）

A. DNA-pol Ⅱ 是由十种亚基组成的不对称二聚体

B. DNA-pol Ⅲ 具有 5'→3' 外切酶活性

C. DNA-pol Ⅰ 的活性最高

D. DNA-pol Ⅱ 和Ⅲ都具有两个方向的外切酶活性

E. DNA-pol Ⅲ 是催化复制延长的酶

【正确答案】E　　　　　　　　【易错答案】A、B、C、D

【答案分析】本题考查的是原核 DNA 聚合酶的活性特点，DNA pol Ⅰ 由一条多肽链组成，兼具 5'→3' 聚合酶活性、3'→5' 核酸外切酶活性以及 5'→3' 核酸外切酶活性。该 5'→3' 聚合酶活性是用于填补 RNA 引物切除后留下的空隙，切除引物，校读修改，不是发挥主要作用的 DNA 聚合酶。DNA pol Ⅱ 兼具 5'→3' 聚合酶活性和 3'→5' 核酸外切酶活性，主要参与 DNA 应急修复过程。DNA pol Ⅲ 是 10 种亚基形成的不对称异二聚体，是发挥主要作用的 DNA 聚合酶。因此本题应选 E。

13. DNA 拓扑异构酶的作用是（　　）

A. 解开 DNA 双螺旋使易于复制

B. 理顺 DNA 链结构松弛超螺旋

C. 把 DNA 异构为 RNA 作为引物

D. 辨认复制起始点

E. 稳定分开的双螺旋

【正确答案】B 　　　　　　　【易错答案】A、C、D、E

【答案分析】本题考查的是 DNA 拓扑异构酶的活性特点，其主要作用是通过切断和连接 DNA 分子中的磷酸二酯键而松弛超螺旋结构以及解链过程中 DNA 分子的过度拧紧、打结、缠绕、连环等。A 是解旋酶的功能，C 本身说法错误，D 是 DnaA 蛋白的功能，E 是 SSB 蛋白的功能，因此本题应选 B。

14. 关于端粒及端粒酶，错误的是（　　）

A. 真核生物染色体端粒 DNA 的复制由端粒酶负责

B. 线性 DNA 分子末端复制都需要端粒酶

C. 端粒酶有逆转录酶活性

D. 端粒酶是个 RNA–蛋白质复合物

E. 端粒对染色体的完整性特别重要

【正确答案】B 　　　　　　　【易错答案】A、C、D、E

【答案分析】本题考查的是端粒及端粒酶。端粒是真核生物的线性 DNA 分子末端富含 T、G 碱基的多重复序列。端粒序列的复制需要端粒酶，该酶是由 RNA 和蛋白质构成的复合体，以自身携带的 RNA 为模板合成互补链的特殊逆转录酶。A、C、D、E 的说法都正确，B 的说法不准确，线性 DNA 分子末端也可以不进行端粒序列的复制。因此本题应选 B。

15. 下列酶中，既能合成又能水解 3′,5′–磷酸二酯键的是（　　）

A. DNA 拓扑异构酶

B. DNA 解旋酶

C. DNA 聚合酶

D. DNA 连接酶

E. 光解酶

【正确答案】A 　　　　　　　【易错答案】B、C、D、E

【答案分析】本题考查的多种酶的活性特点，解旋酶打开的是碱基之间的氢键对 3′,5′–磷酸二酯键不起作用，DNA 聚合酶和连接酶是合成 3′,5′–磷酸二酯键，光解酶在损伤修复时水解 3′,5′–磷酸二酯键，只有拓扑异构酶能够合成又能水解 3′,5′–磷酸二酯键，本题选 A。

16. 下列关于真核生物 DNA 复制的描述错误的是（　　）

A. 半保留复制　　　　　　B. 半不连续复制

C. 有多个复制起始点　　　D. 冈崎片段长度与原核生物的不同

E. 主要是 DNA 聚合酶 β 和 δ 参与复制的延伸

【正确答案】E　　　　　　【易错答案】A、B、C、D

【答案分析】本题考查的是真核生物 DNA 复制的特点，真核生物 DNA 聚合酶主要有 α、β、γ、δ、ε 5 种，其中起主要延长作用的是 DNA pol δ，DNA pol α 被认为是引物酶，DNA pol ε 主要作用是校读和填补切除引物后缺口，DNA pol β 主要参与应急修复，DNA pol γ 存在于线粒体中，主要负责线粒体 DNA 合成。因此，本题 E 项说法错误。

17. 下列关于大肠杆菌 DNA 复制的描述中，错误是（　　）

A. 两条链的合成方向均为 5′→3′

B. DNA 聚合酶沿模板链滑动的方向是 3′→5′

C. 两条链同时起始复制

D. 不需要合成冈崎片段

E. 从一个起始点双向复制

【正确答案】D　　　　　　【易错答案】A、B、C、E

【答案分析】本题考查的是原核生物复制的基本过程及 DNA 聚合酶的活性特点，根据 DNA 聚合酶的特性，DNA 聚合酶只能催化核苷酸发生 5′→3′聚合反应，因此 DNA 新链的合成只能沿着 5′→3′方向进行。5′→3′方向的模板链指导生成的子代 DNA，合成方向与解链方向一致，必须等待模板链解开一定长度后才合成一部分子链，即冈崎片段。因此必须要以冈崎片段的形式进行后随链的复制，本题应选 D。

18. 逆转录过程需要的酶是（　　）

A. DNA 指导的 DNA 聚合酶　　　B. 核酸酶　　　C. RNA 指导的 RNA 聚合酶

D. DNA 指导的 RNA 聚合酶　　　E. RNA 指导的 DNA 聚合酶

【正确答案】E　　　　　　【易错答案】A、B、C、D

【答案分析】本题考查的是逆转录及逆转录酶的概念。逆转录是以 RNA 为模板，dNTP 为原料，由逆转录酶催化合成与模板 RNA 互补的 DNA 过程，是逆转录病毒的遗传信息传代和表达的过程。逆转录酶又称为依赖 RNA 的 DNA 聚合酶，具有 RNA 指导的 DNA 聚合酶活性，RNA 酶活性，DNA 指导的 DNA 聚合酶活性。因此本题应选 E。

19. 镰刀型细胞贫血病的发病原因是血红蛋白的 Hb β 链发生突变，该突变属于是（　　）

A. 交换　　　B. 置换　　　C. 插入　　　D. 缺失　　　E. 点突变

【正确答案】E　　　　　　【易错答案】A、B、C、D

【答案分析】本题考查的是错配突变的机理，血红蛋白（Hb）病。因 β-肽链第 6 位氨基酸谷氨酸被缬氨酸所代替，谷氨酸密码子是 GAG，缬氨酸密码子是 GUG，A 和 U 发生了错配，由嘌呤突变为嘧啶，属于颠换，是单个核苷酸突变的种类，因此应选 E。

(二)多选题

1. 下列有关 DNA 的叙述中,正确的是( )

A. 人体细胞中的 DNA 含有人的全部遗传信息

B. 同种个体之间的 DNA 是完全相同的

C. DNA 是一切生物的遗传物质

D. 碱基配对规律和 DNA 双螺旋结构是 DNA 复制的分子基础

E. 转录时只以 DNA 的一条链为模板

【正确答案】ADE   【易错答案】B、C

【答案分析】本题考查的是 DNA 复制的概念和基本规律。除同卵双胞胎之外的两个个体的 DNA 都是不同的,因此 B 说法错误;某些病毒是以 RNA 为遗传物质,因此 C 说法错误。本题应选 A、D、E。

2. 下列参与 DNA 复制的酶有( )

A. 核酶   B. 解旋酶   C. 拓扑异构酶   D. 引物酶   E. DNA 连接酶

【正确答案】BCDE   【易错答案】A

【答案分析】本题考查的是 DNA 的复制体系,核酶是指化学本质为核酸的酶,不参与复制而其他都参与,因此本题应选 B、C、D、E。

3. 关于原核生物 DNA 聚合酶(DNA-pol)错误的是( )

A. DNA-pol Ⅲ是细胞内含量最多的

B. DNA-pol Ⅱ是由十种亚基组成的不对称二聚体

C. DNA-pol Ⅰ主要功能是即时校读错误

D. DNA-pol Ⅰ只具有 3′→5′外切活性

E. DNA-pol Ⅱ和Ⅲ都具有两个方向的外切酶活性

【正确答案】ABDE   【易错答案】C

【答案分析】本题考查的是 DNA 聚合酶的活性特点。DNA pol Ⅰ由一条多肽链组成,兼具 5′→3′聚合酶活性、3′→5′核酸外切酶活性以及 5′→3′核酸外切酶活性。该酶 5′→3′聚合酶活性是用于填补 RNA 引物切除后留下的空隙,切除引物,校读修改,不是发挥主要作用的 DNA 聚合酶。DNA pol Ⅱ兼具 5′→3′聚合酶活性和 3′→5′核酸外切酶活性,主要参与 DNA 应急修复过程。DNA pol Ⅲ是 10 种亚基形成的不对称异二聚体,是发挥主要作用的 DNA 聚合酶。因此本题应选 A、B、D、E。

4. 关于 DNA 复制具有高保真性的机制,正确的是( )

A. DNA 聚合酶有及时校读活性

B. 严格的碱基互补配对规律

C. DNA 聚合酶在复制延长中对原料 dNTP 的选择功能

D. DNA 聚合酶有 3′至 5′外切核酸酶活性

E. DNA 聚合酶有 5′至 3′外切核酸酶活性

【正确答案】ABCD　　　　　　　【易错答案】E

【答案分析】本题考查的是DNA复制的基本规律,高保真性所依靠的机制是:①碱基互补配对原则;②DNA聚合酶的碱基选择功能;③DNA聚合酶3′→5′外切酶功能能及时校对错误配对的碱基;④细胞内的DNA损伤修复系统。DNA聚合酶的5′至3′外切核酸酶活性主要用于切除引物,因此本题应选A、B、C、D。

5. 关于DNA合成所需的酶和蛋白质,下列说法中正确的是（　　）

A. 仅在复制叉移动的前方需要DNA拓扑异构酶

B. 复制起始点双链DNA的解开需要解螺旋酶

C. 最重要的酶是DNA聚合酶

D. 后续链合成时,单链DNA模板需与单链DNA结合蛋白暂时结合起来

E. 冈崎片段的连接需要连接酶

【正确答案】BCDE　　　　　　【易错答案】A

【答案分析】本题考查的是DNA的复制体系,其中拓扑异构酶的功能是切断和连接DNA分子中的磷酸二酯键而松弛超螺旋结构以及解链过程中DNA分子的过度拧紧、打结、缠绕、连环等。除了在复制叉移动的前方,新生成的DNA链需要拓扑异构酶的作用,因此A项错误,本题应选B、C、D、E。

6. DNA-pol催化的反应包括（　　）

A. DNA延长时3′-OH与5′-P反应　　B. 填补切除修复的缺口

C. 切除引物后填补缺口　　　　　　D. 两个单核苷酸的聚合口

E. 切除错配的核苷酸

【正确答案】ABCE　　　　　　【易错答案】D

【答案分析】本题考查的是DNA聚合酶的功能和特点,其中D项两个单核苷酸的聚合口不属于DNA聚合酶的功能,应为引物酶或连接酶催化。因此本题选A、B、C、E。

7. 关于原核生物与真核生物DNA复制的特点,正确的是（　　）

A. 一般都有一个复制子

B. 原核生物复制需要RNA引物而真核生物不需要

C. 两者都要合成冈崎片段

D. 新链的合成方向都是5′→3′

E. 都是半不连续性复制

【正确答案】CDE　　　　　　　【易错答案】A、B

【答案分析】本题考查的是原核生物与真核生物DNA复制的异同。真核生物具有多个复制起始点,因此有多个复制子,且原核真核都需要引物,因此A、B两项错误,本题应选C、D、E。

8. 复制过程中具有催化 3',5' – 磷酸二酯键生成的酶有（　　）

　　A. 引物酶　　　　　　B. DNA 聚合酶　　　　　　C. 拓扑异构酶

　　D. 逆转录酶　　　　　E. DNA 连接酶

【正确答案】ABCDE　　　　【易错答案】A、D

【答案分析】本题考查的是五种酶的活性特点，DNA 和 RNA 的一级结构化学键都是 3',5' – 磷酸二酯键，因此合成 RNA 引物的引物酶以及逆转录中的逆转录酶都是正确的。本章涉及的酶种类较多，功能各异，易混淆。

9. 点突变包括（　　）

　　A. 倒位　　　　B. 颠换　　　　C. 转换　　　　D. 缺失　　　　E. 重排

【正确答案】BC　　　　【易错答案】A、D、E

【答案分析】本题考查的是 DNA 突变的类型。点突变是指单个核苷酸发生错配而导致的突变，颠换和转换都属于点突变。倒位属于染色体变异，缺失和重排是其他 DNA 损伤类型，因此本题应选 B、C。

10. 可能造成框移突变的是（　　）

　　A. 插入　　　　B. 错配　　　　C. 颠换　　　　D. 缺失　　　　E. 转换

【正确答案】AD　　　　【易错答案】B、C、E

【答案分析】本题考查的是 DNA 突变的类型。框移突变是指引起三联密码子的阅读方式改变，造成编码蛋白质的氨基酸排列顺序发生变化，本质上是核苷酸数量的变化引起的，当不以 3 或 3 的倍数缺失或插入核苷酸时，就会造成框移突变。B、C、E 未引起核苷酸数量的变化，因此不会引起框移突变，本题应选 A、D。

11. 下列哪些是 DNA 复制的特点（　　）

　　A. 半保留复制

　　B. 半不连续性

　　C. 一般是定点开始，双向复制

　　D. 复制的方向沿模板链的 5'→3' 方向

　　E. 复制的方向沿模板链的 3'→5' 方向

【正确答案】ABCE　　　　【易错答案】D

【答案分析】本题考查的是 DNA 复制的基本规律。DNA 合成的方向是 5'→3'，但复制沿模板链的方向与此相反，因此 D 项错误，本题应选 A、B、C、E。

（三）名词解释

1. DNA 的复制

【正确答案】DNA 复制是以 DNA 的两条链为模板，以 dNTP 为原料，在 DNA 聚合酶的作用下按照碱基配对规律合成新的互补链，这样形成的两个子代 DNA 分子与原来的 DNA 分子完全相同。

2. 半保留复制

【正确答案】DNA 复制是以 DNA 的两条链为模板，以 dNTP 为原料，在 DNA 聚合酶的作用下按照碱基配对规律合成新的互补链，这样形成的两个子代 DNA 分子与原来的 DNA 分子完全相同，故称之为复制，又因子代 DNA 分子的双链其中一条来自亲代，另一条是新合成的，故名半保留复制。

3. 半不连续复制

【正确答案】在 DNA 复制过程中，一个复制叉内，以 3'→5' DNA 链为模板链能连续合成互补的 DNA 单链，而以 5'→3' DNA 链为模板只能合成若干反向互补的 5'→3' 冈崎片段，这些片断再相连成完整的随从链，这种一条链的合成连续而另一条链合成不连续的复制方式即为半不连续复制。

4. 前导链

【正确答案】在 DNA 复制过程中，一个复制叉内，以 3'→5' DNA 链为模板链能连续合成互补的 DNA 单链，该连续合成的 DNA 单链合成速度快，叫前导链或领头链。

5. 后随链

【正确答案】在 DNA 复制过程中，一个复制叉内，以 5'→3' DNA 链为模板只能合成若干反向互补的 5'→3' 冈崎片段，这条不连续合成的单链合成速度慢，叫后随链或随从链。

6. 冈崎片段

【正确答案】DNA 复制时，以 5'→3' DNA 链为模板合成互补链时只能一段段合成，这些与模板链反向互补的 5'→3' 短片段，叫作冈崎片段。

7. 逆转录

【正确答案】以 RNA 为模板在逆转录酶的作用下合成 DNA 的过程叫作逆转录。

（四）简答题

1. 简述 DNA 复制的基本规律。

【正确答案】①半保留式复制是 DNA 复制的基本特征；②DNA 复制从起始点向两个方向形成双向复制；③DNA 一股子链复制方向与解链方向相反，另一条链连续合成，故为半不连续复制；④新链合成的方向性：总是从 5' 到 3'；⑤DNA 合成起始时需要引物。

2. 试述参与大肠杆菌 DNA 复制过程所需的物质及其作用。

【正确答案】①双链 DNA：解开成单链的两条链都作为模板指导 DNA 的合成。②4 种 dNTP：作为复制的原料。③DNA 聚合酶：即依赖于 DNA 的 DNA 聚合酶，合成子链；原核生物中 DNA-pol Ⅲ 是真正的复制酶，DNA-pol Ⅰ 的作用是切除引物、填补空隙和修复。④引物：一小段 RNA，提供游离的 3'-OH，由引物酶合成。⑤其他的一些酶和蛋白因子：解链酶，解开 DNA 双链；DNA 拓扑异构酶 Ⅰ、Ⅱ，松弛 DNA 超螺旋，理顺打结的 DNA 链；引物酶合成 RNA 引物；单链 DNA 结合蛋白（SSB）结合并稳定解开的单链；DNA 连接酶连接相邻的 DNA 片段；DNA 聚合酶 Ⅰ 清除引物、填补引物切除后的空隙。

第十一章　RNA 的生物合成

◎ 重点 ◎

1. 转录的特点
2. 转录的基本过程

◎ 难点 ◎

1. 结构基因
2. 原核生物 RNA 聚合酶的作用机制

常见试题

（一）单选题

1. 下列物质中 RNA 的合成原料之一的是（　　　）

    A. GTP　　　　B. AMP　　　　C. GDP　　　　D. dATP　　　　E. dUTP

    【正确答案】A　　　　　　　　【易错答案】B、C、D、E

    【答案分析】本题考查的是转录的概念。转录是指在 RNA 聚合酶催化下，以 DNA 为模板，四种核糖核苷三磷酸为原料，按碱基互补配对原则合成与其互补 RNA 单链的过程。只有 A 是核糖核苷三磷酸，因此选 A。

2. 5′-ATCGAT-3′ 为一结构基因的有意义链，其转录产物为（　　　）

    A. 5′-TAGCTA-3′　　　　　　B. 5′-ATCGAT-3′　　　　　　C. 5′-UAGCUA-3′

    D. 3′-UAGCUA-5′　　　　　　E. 5′-AUCGAU-3′

    【正确答案】E　　　　　　　　【易错答案】A、B、C、D

    【答案分析】本题考查的是转录的基本规律及核酸的书写规范。按照互补配对原则 RNA 中 T 被 U 代替，且单链核酸的书面表达应左侧为 5′端，因此答案应选 E。

3. 转录过程中，新生成的 RNA 链与哪条链序列相同（T 代替 U）（　　　）

    A. 编码链　　　B. 模板链　　　C. cDNA 链　　　D. 轻链　　　E. 重链

    【正确答案】A　　　　　　　　【易错答案】B、C、D、E

    【答案分析】本题考查的是不对称转录的含义，两条 DNA 链中作为模板的一条叫模板链，模板链的互补链叫编码链，新生成的RNA链与编码链序列相同，因此本题选A。

4. 原核细胞转录起始阶段发生的是（　　）

　　A. 起始因子与DNA聚合酶结合　　　　B. σ因子与DNA结合

　　C. ρ因子与RNA结合　　　　　　　　D. 解旋酶与RNA结合

　　E. DNA聚合酶与DNA结合

【正确答案】B　　　　　　　　【易错答案】A、C、D、E

【答案分析】本题考查的是转录过程的第一阶段。σ因子识别并初始结合启动子保守序列，使聚合酶以全酶的形式牢固结合DNA模板，并开始解链转录。原核细胞转录不需要起始因子，解旋酶和DNA聚合酶参与的是复制，ρ因子参与的是转录终止。因此本题应选B。

5. 转录进入延伸阶段的标志性事件是（　　）

　　A. σ因子与DNA结合　　　　　　　　B. σ因子脱落

　　C. 形成第一个3′,5′-磷酸二酯键　　　D. ρ因子与RNA产物结合

　　E. 氨酰tRNA进位

【正确答案】B　　　　　　　　【易错答案】A、C、D、E

【答案分析】本题考查的是转录过程的第二阶段。RNA聚合酶开始合成第一个磷酸二酯键后，σ因子脱落，核心酶向前移动，进入延伸阶段。A属于起始，D属于终止，E属于翻译过程，C发生在B之前，因此本题应选B。

6. 有关RNA聚合酶的叙述，哪一条是正确的（　　）

　　A. 在转录时需RNA作引物

　　B. 能同时催化多核苷酸链向两端延长

　　C. 不具有校对功能

　　D. 以四种NMP为原料合成多核苷酸链

　　E. 也能催化DNA的合成

【正确答案】C　　　　　　　　【易错答案】A、B、D、E

【答案分析】本题考查的是RNA聚合酶的活性特点，RNA聚合酶不具有3′→5′外切酶活性，因此无校对功能，本题应选C。

7. 原核生物转录过程中起辨认起始点作用的是（　　）

　　A. 全酶　　B. 核心酶　　C. σ-亚基　　D. α-亚基　　E. β-亚基

【正确答案】C　　　　　　　　【易错答案】A、B、D、E

【答案分析】本题考查的是RNA聚合酶的结构及活性特点。RNA聚合酶由5个亚基组成六聚体（$\alpha_2\beta\beta'\omega\sigma$），$\alpha_2\beta\beta'\omega$称为核心酶，结合σ因子后称为全酶。σ因子识别并初始结合启动子保守序列，使聚合酶以全酶的形式牢固结合DNA模板，并开始解链转录。因此本题应选C。

8. 启动子指的是（　　）

A. mRNA 开始被翻译的那段 RNA 序列

B. 为阻遏蛋白所结合的那段 DNA 序列

C. 开始转录生成 mRNA 的那段 DNA 序列

D. 一段可被 RNA 聚合酶识别并结合的 DNA 序列

E. 转录终止的 DNA 序列

【正确答案】D　　　　　　　　【易错答案】A、B、C、E

【答案分析】本题考查的是转录过程的起始阶段。启动子是指 DNA 模板上一段保守序列，位于转录起始点上游 −35 区，σ 因子识别并初始结合启动子保守序列，使聚合酶以全酶的形式牢固结合 DNA 模板，并开始解链转录。因此本题应选 D。

9. 不对称转录是指（　　）

A. 同一 DNA 模板转录可以是从 5′→3′延长和从 3′→5′延长

B. 双向复制后的转录

C. 双链 DNA 的一股单链用作模板，亦可以交错出现模板链和编码链。

D. 转录经翻译生成氨基酸，氨基酸含有不对称碳原子

E. 没有规律的转录

【正确答案】C　　　　　　　　【易错答案】A、B、D、E

【答案分析】本题考查的是不对称转录的概念及含义。两条 DNA 链中作为模板的一条叫模板链，模板链的互补链叫编码链。不同的基因模板链并不总是在一条 DNA 链上，两条链都有可能作为模板转录，因此本题应选 C。

10. 关于转录的模板，下述说法不正确的是（　　）

A. 通常只有一条链做模板

B. 编码链与 mRNA 的序列相同，只是 T 变为 U

C. 模板链被称为有义链

D. 转录时，RNA 聚合酶沿模板链从 3′端移向 5′端

E. 模板链并不都在同一条 DNA 单链上

【正确答案】C　　　　　　　　【易错答案】A、B、D、E

【答案分析】本题考查的是转录的概念及不对称转录的含义。两条 DNA 链中作为模板的一条叫模板链，模板链的互补链叫编码链。产物 RNA 与编码链序列相同，编码链称为有义链，模板链称为反义链，因此本题应选 C。

11. 原核生物转录延长阶段的酶是（　　）

A. 逆转录酶　　　　　　B. 引物酶　　　　　　C. 核心酶 α2ββ′ω

D. RNA 聚合酶 Ⅱ　　　　E. RNA 聚合酶 Ⅲ

【正确答案】C　　　　　　　　【易错答案】A、B、D、E

【答案分析】本题考查的是 RNA 聚合酶的活性特点及转录过程的延伸阶段。RNA 聚合酶由 5 个亚基组成六聚体（$\alpha_2\beta\beta'\omega\sigma$），$\alpha_2\beta\beta'\omega$ 称为核心酶，结合 σ 因子后称为全酶。RNA 聚合酶开始合成第一个磷酸二酯键后，σ 因子脱落，核心酶向前移动，进入延伸阶段。因此本题应选 C。

12. 下列有关真核细胞 mRNA 的叙述，不正确的是（   ）

    A. 是由 hnRNA 经加工后生成的

    B. 真核生物 mRNA 含有多个内含子和外显子

    C. 5′ 末端有 m7GpppNp 帽子

    D. 3′ 末端有多聚 A 尾

    E. 成熟过程中需进行甲基化修饰

    【正确答案】B　　　　　【易错答案】A、C、D、E

【答案分析】本题考查的是真核细胞 mRNA 的结构特点及转录后修饰。转录的初始产物叫 hnRNA，经过转录后修饰，加帽加尾，内含子剪切之后称为 mRNA，因此本题应选 B，mRNA 中不含有内含子。

13. 真核生物和原核生物转录的相同点是（   ）

    A. 都只有一个 RNA 聚合酶

    B. 都是不对称转录

    C. 都以操纵子模式进行调控

    D. 都需要在细胞核进行加工

    E. 都以 3′→5′ 方向进行

    【正确答案】B　　　　　【易错答案】A、C、D、E

【答案分析】本题考查的是真核和原核细胞转录的异同点。两者在 RNA 聚合酶，调控模式，转录后修饰方面都存在差异；RNA 合成的方向都是 5′→3′，都是以一条 DNA 作为模板链，即都是不对称转录，因此本题应选 B。

14. 下列关于转录的描述，正确的是（   ）

    A. 以四种 NTP 为原料

    B. 合成反应的方向为 3′→5′

    C. 转录起始需要引物参与

    D. 以 RNA 为模板合成 cDNA

    E. 需要 DNA 拓扑异构酶

    【正确答案】A　　　　　【易错答案】B、C、D、E

【答案分析】本题考查的是转录的基本概念和基本过程，转录是以 DNA 为模板以四种 NTP 为原料合成 RNA，RNA 合成的方向都是 5′→3′，不需要引物，不需要拓扑异构酶，因此本题应选 A。

15. 既含有外显子又含有内含子的 RNA 主要是（　　）
A. tRNA 前体　　　　　　B. mRNA 前体　　　　　　C. rRNA
D. tRNA　　　　　　　　E. mRNA
【正确答案】B　　　　　　【易错答案】A、C、D、E
【答案分析】本题考查的是三种 RNA 及转录后加工，外显子是编码蛋白质的核酸序列，只在 mRNA 中存在，因此 A、C、D 可排除，成熟的 mRNA 是其前体经过内含子剪切后形成的，因此 mRNA 不含内含子，本题应选 B。

16. mRNA 前体转化为成熟 mRNA 的过程是（　　）
A. 转录起始　　　　　　B. 转录延伸　　　　　　C. 转录终止
D. 转录后加工　　　　　E. 翻译起始
【正确答案】D　　　　　　【易错答案】A、B、C、E
【答案分析】本题考查的是转录后加工。转录的初始产物是各种 RNA 的前体，在经过加工修饰后才具有功能，因此本题应选 D。

（二）多选题

1. RNA 转录时碱基的配对原则是（　　）
A. T-A　　B. A-U　　C. G-C　　D. C-G　　E. T-U
【正确答案】ABCD　　　　【易错答案】E
【答案分析】本题考查的是转录的概念。RNA 与 DNA 的碱基互补配对原则中，RNA 的 U 与 DNA 的 A 配对，其他 A-T，G-C 相同，因此 E 错误，本题应选 A、B、C、D。

2. 参与转录的酶或蛋白质有（　　）
A. 引物酶　　　　　　B. 核心酶　　　　　　C. ρ 因子
D. 拓扑异构酶　　　　E. σ 因子
【正确答案】BCE　　　　【易错答案】A、D
【答案分析】本题考查的是转录体系。转录不需要引物酶和拓扑异构酶，虽然引物酶催化的产物是 RNA，但是在复制过程中。RNA 聚合酶包括核心酶和 σ 因子，转录终止需要 ρ 因子。因此本题应选 B、C、E。

3. 转录空泡中含有下列哪些物质（　　）
A. RNA　　B. 引物　　C. 解旋酶　　D. 核心酶　　E. DNA
【正确答案】ADE　　　　【易错答案】B、C
【答案分析】本题考查的是转录的延伸阶段。延伸阶段，出现转录空泡的结构，转录空泡是由 RNA-pol、局部解开的 DNA 双链及转录产物 RNA 3′端一小段依附于 DNA 模板链而组成的转录延长过程的复合物。解旋酶和引物在转录中都不需要，因此本题应选 A、D、E。

4. 下列对于 σ 因子的叙述错误的是（　　）

A. 它可辨别转录的终止信号，终止转录

B. 它能促进 mRNA 结合在核糖体上

C. 它是核糖体的一个亚基，能催化肽键的形成

D. 它是 DNA 聚合酶的一个亚基，可使 DNA 复制双向进行

E. 它是 RNA 聚合酶的一个亚基，可识别转录的起始信号

【正确答案】ABCD　　　　　　【易错答案】E

【答案分析】本题考查的是 RNA 聚合酶的机构和功能。σ 因子是原核生物 RNA 聚合酶的一个亚基，其功能是识别启动子序列，使 RNA 聚合酶结合到启动子区起始转录。只有 E 正确，因此本题应选 A、B、C、D。

5. 参与转录终止的因素有（　　）

A. ρ 因子　　　　　　　　　　B. σ 因子

C. 转录产物 3′端发夹结构　　　D. 转录产物 3′端出现终止密码子

E. 转录产物 3′端出现加尾修饰点

【正确答案】AC　　　　　　【易错答案】B、D、E

【答案分析】本题考查的是转录的终止阶段。转录终止有两种机制，一种依赖 ρ 因子的转录终止，另一种是非依赖 ρ 因子的转录终止。ρ 因子是一种 6 个亚基组成的同六聚体蛋白质，具有 ATP 酶和解旋酶的活性，可与 RNA 产物 3′末端的多聚 C 结合，靠近转录空泡，其解旋酶活性使杂化双链解离，RNA 产物释放。RNA 产物 3′末端含有能够形成茎环结构或发夹结构的序列，形成特异的结构时，可被 RNA 聚合酶识别，终止转录。因此本题应选 A、C。ρ 因子与 σ 因子名称相近，易混淆。

6. 下列关于 DNA 聚合酶和 RNA 聚合酶的描述错误的是（　　）

A. 都催化 5′至 3′的延长反应　　　B. 都需要 DNA 模板

C. 都具有 3′→5′外切酶活性　　　D. 需要 RNA 引物和 3′-OH 末端

E. 都需要 NTP 做原料

【正确答案】CDE　　　　　　【易错答案】A、B

【答案分析】本题考查的是复制和转录的异同。DNA 聚合酶和 RNA 聚合酶都需要 DNA 模板，都催化 5′至 3′的延长反应，DNA 聚合酶以 dNTP 为原料，RNA 聚合酶不需要引物，也不具有 3′→5′外切酶活性，因此本题应选 C、D、E。

7. 关于转录与复制的差异下列说法正确的是（　　）

A. 转录的保真性低于复制

B. 复制是两条 DNA 作为模板，转录只以一条为模板

C. 新生链的合成以碱基配对的原则进行

D. 复制需要引物，转录不需要引物

E. 复制的新 DNA 合成方向是 5′→3′，转录的方向是 3′→5′

【正确答案】ABCD 　　　　　【易错答案】E

【答案分析】本题考查的是复制和转录的异同。RNA 聚合酶不具有 3′→5′外切酶活性，不具有校对功能，因此转录的保真性低于复制；复制是两条 DNA 作为模板，转录只以一条为模板，新生链的合成都以碱基配对的原则进行，方向都是 5′→3′，因此 E 错误。本题应选 A、B、C、D。

8. 关于 DNA 内含子与外显子的叙述，下列错误的是（　　　）

A. 外显子转录，内含子不被转录

B. 外显子是编码序列，内含子不是

C. 二者都被转录也被翻译

D. 二者都被转录但不被翻译

E. 外显子存在于 mRNA，内含子存在于 tRNA

【正确答案】ACDE 　　　　　【易错答案】B

【答案分析】本题考查的是转后加工修饰。mRNA 的转录初始产物 hnRNA 与编码链序列相同，因此带有内含子序列，初始产物经过加工修饰，将内含子剪切，成熟的 mRNA 没有内含子，因此内含子被转录而不被翻译。因此只有 B 正确，本题应选 A、C、D、E。

9. 对于真核生物和原核生物转录的叙述，其中恰当的是（　　　）

A. 终止方式不同　　　　　B. 延长阶段不同

C. RNA 聚合酶不同　　　　D. 转录产物都需要加工

E. 转录起始都不需要引物

【正确答案】ACE 　　　　　【易错答案】B、D

【答案分析】本题考查的是真核和原核转录的差异。两者起始和终止的机制不同，RNA 聚合酶数量和功能不同，原核不需要转录后加工。延长阶段的机制相同，且 RNA 聚合酶都不需要引物，因此本题应选 A、C、E。

10. 下列关于 ρ 因子的叙述错误的有（　　　）

A. 是一种蛋白质，是原核生物 RNA 聚合酶的亚基

B. 是一种蛋白质和核酸的复合体

C. 可与启动子结合起始转录

D. 具有 ATP 酶活性和解链酶活性，参与转录终止过程

E. 可与转录产物结合对其加帽修饰

【正确答案】ABCE 　　　　　【易错答案】D

【答案分析】本题考查的是原核细胞转录的终止。依赖 ρ 因子的转录终止是其中一种，ρ 因子是一种 6 个亚基组成的同六聚体蛋白质，具有 ATP 酶和解旋酶的活性，可与 RNA 产物 3′末端的多聚 C 结合，靠近转录空泡，其解旋酶活性使杂化双链解离，RNA 产物释放。因此只有 D 正确，本题应选 A、B、C、E。ρ 因子与 σ 因子名称相近，易混淆。

（三）名词解释

1. 转录

【正确答案】是指双链 DNA 中只有一股单链作为模板；以四种不同的核苷三磷酸为原料。在 RNA 聚合酶的催化下按碱基互补配对原则合成一条 RNA 单链。

2. 编码链

【正确答案】也叫正义链。指 DNA 双链中不用作转录的一股单链，与产物 mRNA 序列相同，因而得名。是与模板链互补的另一条链。

3. 模板链

【正确答案】也叫反义链。指 DNA 双链中作转录模板的一股单链，与产物 mRNA 序列互补。是与编码链互补的另一条链。

4. 转录空泡

【正确答案】是由 RNA-pol、局部解开的 DNA 双链及转录产物 RNA 3′端一小段依附于 DNA 模板链而组成的转录延长过程的复合物。

5. 顺式作用元件

【正确答案】存在于基因旁侧序列中能影响基因表达的序列，本身不编码任何蛋白质，仅仅提供一个作用位点，要与反式作用因子相互作用而起作用。顺式作用元件包括启动子、增强子、调控序列和可诱导元件。

6. 反式作用因子

【正确答案】通过直接或间接作用于 DNA、RNA 等核酸分子，对基因表达发挥不同调节作用（激活或抑制）的蛋白质因子。

（四）简答题

1. 参与原核 RNA 转录的物质有哪些？它们在 RNA 生物合成中有何作用？

【正确答案】DNA 作为转录的模板；4 种 NTP 是 RNA 合成的原料；RNA 聚合酶的 σ 亚基辨认 DNA 上的转录起始点；RNA 聚合酶的核心酶以 DNA 为模板，催化 4 种 NTP 按碱基互补配对规律形成磷酸二酯键；ρ 因子识别某些转录终止部位。

2. 比较复制和转录的主要异同点。

【正确答案】（1）相同点：都是酶促的核苷酸聚合过程；都是以 DNA 为模板；都需要依赖 DNA 的 DNA 聚合酶；聚合过程都是核苷酸之间形成磷酸二酯键；都从 5′至 3′方向延伸核苷酸链；都遵从碱基配对原则。

（2）不同点：全部 DNA 都进行复制，转录只在特定基因；复制是两条链都是模板，转录只有一条链；复制需要引物，转录不需要；复制需要拓扑异构酶，转录不需要；复制是 DDDP，转录是 DDRP；复制的原料是 dNTP，转录是 NTP；复制的核苷酸为 AGTC，转录 AGUC；复制比转录的保真率高。

第十二章　蛋白质的生物合成

◎ 重点 ◎

1. 遗传密码的特点
2. 翻译体系的组成和蛋白质的合成过程

◎ 难点 ◎

1. 翻译的起始
2. 核糖体循环
3. 翻译的终止

常见试题

（一）单选题

1. 一个 tRNA 的反密码子为 UGC，与其互补的密码子是（　　）

　　A. GCA　　　　B. GCG　　　　C. CCG　　　　D. ACG　　　　E. UCG

　　【正确答案】A　　　　　　【易错答案】B、C、D、E

　　【答案分析】本题考查的是密码子的特点。密码子与反密码子是按照互补配对原则互补的，且单链核酸的书面表达应左侧为 5′端，因此答案应选 A。

2. 能代表 20 种编码氨基酸的遗传密码子有多少种（　　）

　　A. 20　　　　B. 32　　　　C. 46　　　　D. 61　　　　E. 64

　　【正确答案】D　　　　　　【易错答案】A、E

　　【答案分析】本题考查的是密码子的特点。密码子有 64 种组合，其中 3 种终止密码子不编码氨基酸，因此有 61 种，选 D。

3. 蛋白质生物合成不需要的物质是（　　）

　　A. 氨基酸　　　　　　　B. 氨基酸-tRNA 合成酶　　　　　　C. σ 因子

　　D. 核糖体　　　　　　　E. mRNA

　　【正确答案】C　　　　　　【易错答案】A、B、D、E

　　【答案分析】本题考查的是翻译体系。氨基酸是原料，氨基酸-tRNA 合成酶将氨基酸和

tRNA 结合，核糖体是合成细胞器，mRNA 是模板，σ 因子是转录起始位点的识别者，因此本题应选 C。

4.下列物质中不参与肽链延长阶段的是（   ）

　　A.转肽酶　　　　　　　B.GTP　　　　　　　C.甲酰甲硫氨酰 tRNA

　　D.mRNA　　　　　　　E.EF-Tu

【正确答案】C　　　　　　　【易错答案】A、B、D、E

【答案分析】本题考查的是翻译的过程。肽链延长阶段主要是以核糖体循环来进行的，经过进位、成肽、转位三个步骤的循环延长一个氨基酸残基。甲酰甲硫氨酰 tRNA 对应起始密码子 AUG 在起始阶段第一个进入 P 位，后再不需要。因此本题选 C。

5.AUG 除可代表甲硫氨酸的密码外，还可作为（   ）

　　A.肽链合成时的起动因子　　　　B.肽链合成时的延长因子

　　C.肽链合成时的释放因子　　　　D.肽链合成时的起始密码子

　　E.肽链合成时的终止密码子

【正确答案】D　　　　　　　【易错答案】A、B、C、E

【答案分析】本题考查的是起始密码子。AUG 是起始密码子同时是甲硫氨酸（蛋氨酸）的密码子，本题应选 D。

6.下列关于 tRNA 的错误描述是（   ）

　　A.氨基酸的运载工具　　　　　　B.一种 tRNA 可携带不同的氨基酸

　　C.一种 tRNA 只运输一种氨基酸　　D.分子中含较多的稀有碱基

　　E.都有反密码子

【正确答案】B　　　　　　　【易错答案】A、C、D、E

【答案分析】本题考查的是翻译体系中的 RNA 功能。tRNA 是氨基酸的运载工具，带有反密码子，含较多的稀有碱基，一种 tRNA 只运输一种氨基酸。本题 B 错误，应选 B。

7.转肽酶的功能是（   ）

　　A.识别起始密码子　　　　　　　B.水解肽酰-tRNA 释放肽链

　　C.识别终止密码子　　　　　　　D.促进氨基酸活化

　　E.催化肽键的形成

【正确答案】E　　　　　　　【易错答案】A、B、C、D

【答案分析】本题考查的是翻译的过程。肽链延长阶段主要是以核糖体循环来进行的，经过进位、成肽、转位三个步骤的循环延长一个氨基酸残基。新的氨酰 tRNA 进入 A 位后，转肽酶将 P 位 tRNA 所连接的肽酰基转移到 A 位 tRNA 的氨基酸的氨基上形成肽键。本题应选 E。

8.氨基酸与 tRNA 结合的键是（   ）

　　A.肽键　　　B.酰胺键　　　C.二硫键　　　D.氢键　　　E.酯键

【正确答案】E　　　　　　　【易错答案】A、B、C、D

【答案分析】本题考查的是翻译体系中的RNA功能。tRNA是氨基酸的运载工具，靠3'端的-OH与氨基酸的α-羧基脱水形成酯键，形成氨酰tRNA。本题应选E。

9. 遗传密码子的简并性是指（　　）

A. 三联体密码子之间无标点间隔

B. 三联体密码子中的碱基可以变更

C. 一个密码子只代表一种氨基酸

D. 有的氨基酸可以有一个以上的密码子

E. 有的密码子可适用于一种以上的氨基酸

【正确答案】D　　　　　　　　【易错答案】A、B、C、E

【答案分析】本题考查的是密码子的特点。简并性是指合成蛋白质的标准氨基酸有20种，而编码氨基酸的遗传密码子有61种，因此有些氨基酸具有两个以上的密码子，因此本题应选D。A是指密码子的连续性，B是指密码子的摆动性，C、D说法有误。

10. 核糖体大亚基上的A位（受位）的作用是（　　）

A. 接受新进位的氨酰tRNA

B. 催化新肽键的生成

C. 水解肽酰-tRNA

D. 识别mRNA上密码子

E. 是合成蛋白质多肽链的起始点

【正确答案】A　　　　　　　　【易错答案】B、C、D、E

【答案分析】本题考查的是核糖体的机构和功能。A位的功能是接受新进位的氨酰tRNA，B、C都是转肽酶的功能，D是tRNA的功能，E是起始密码子的功能，因此本题应选A。

11. 肽链合成终止的原因是（　　）

A. 翻译到达mRNA的尽头

B. 特异的tRNA识别终止密码

C. 终止密码子部位有较大阻力，核糖体无法沿mRNA移动

D. 释放因子能识别终止密码子并进入A位

E. 终止密码子本身具有酯酶功能，可水解肽酰基与tRNA之间的酯键

【正确答案】D　　　　　　　　【易错答案】A、B、C、E

【答案分析】本题考查的是翻译的终止阶段。当A位上出现终止密码子时，释放因子RF识别终止密码子并进入A位。RF进入A位使转肽酶变构成酯酶，将多肽链水解下来，并促使mRNA、tRNA、RF释放，核糖体解离，翻译终止。本题应选D。

12. 造成框移突变的是由于密码子的哪种特点（　　）

A. 摆动性　　B. 连续性　　C. 通用性　　D. 方向性　　E. 简并性

【正确答案】B　　　　　　　　【易错答案】A、C、D、E

【答案分析】本题考查的是密码子的特点。框移突变是指引起三联密码子的阅读方式改变，造成编码蛋白质的氨基酸排列顺序发生变化，本质上是核苷酸数量的变化引起的，当不以3或3的倍数缺失或插入核苷酸时，就会造成框移突变。密码子是三联核苷酸组成的，每组密码子之间没有间隔连续被阅读，因此当发生核苷酸的插入或缺失时才会出现框移突变。本题应选B。

13. 合成蛋白质的氨基酸必须活化，活化的部位是（　　）

　A. α-氨基　　　　　　　B. α-羧基　　　　　　　　C. α-碳原子
　D. α-氨基和α-羧基　　E. α-羧基和α-碳原子
【正确答案】B　　　　　【易错答案】A、C、D、E
【答案分析】本题考查的是翻译的延长阶段。肽链延长阶段主要是以核糖体循环来进行的，经过进位、成肽、转位三个步骤的循环延长一个氨基酸残基。氨酰tRNA进入A位前，氨酰tRNA的合成即是氨基酸的活化，是氨基酸的α-羧基与tRNA的3'-OH形成酯键，因此本题应选B。

14. 催化tRNA与氨基酸结合的酶是（　　）

　A. 酯酶　　　　　　　　B. 转肽酶　　　　　　　　C. 氨酰tRNA合成酶
　D. 氨酰tRNA水解酶　　E. 转位酶
【正确答案】C　　　　　【易错答案】A、B、D、E
【答案分析】本题考查的是翻译的延长阶段。氨酰tRNA合成是由氨酰tRNA合成酶催化完成的，转肽酶也催化相同的酯键，但是在延伸阶段，易混淆，本题应选C。

15. 真核细胞与原核细胞在翻译的起始阶段的主要不同是（　　）

　A. mRNA先与核糖体大亚基结合，而后与小亚基结合
　B. 小亚基先与甲硫氨酰tRNA结合，而后与mRNA和大亚基结合
　C. 核糖体大小二个亚基首先结合为复合物
　D. 不需要GTP参与
　E. 参与的起始因子少
【正确答案】B　　　　　【易错答案】A、C、D、E
【答案分析】本题考查的是真核细胞与原核细胞翻译过程的异同。不同点主要在起始复合体的构成、核糖体结构、终止释放因子三方面。其中起始阶段，小亚基先与蛋氨酰tRNA结合，而后与mRNA和大亚基结合，而原核生物是小亚基先与mRNA结合再结合蛋氨酰tRNA和大亚基。因此本题应选B。

16. 大肠杆菌mRNA分子与核糖体16SrRNA结合的是（　　）

　A. 5'端帽子　　　　　　B. 起始密码子　　　　　　C. 终止密码子
　D. SD序列　　　　　　E. 3'端尾巴
【正确答案】D　　　　　【易错答案】A、B、C、E

【答案分析】本题考查的是原核生物翻译的起始阶段。原核 mRNA 5′端起始密码子上游 8～13 个核苷酸处具有 SD 序列，与核糖体 16S rRNA 识别并结合，因此本题应选 D。

17. tRNA 分子上 3′端序列的功能为（　　）

A. 辨认 mRNA 上的密码子　　　B. 提供—OH 基与氨基酸结合

C. 被剪接的组分　　　D. 形成局部双链

E. 富含稀有碱基

【正确答案】B　　　【易错答案】A、C、D、E

【答案分析】本题考查的是翻译体系中 tRNA 的功能，tRNA 在翻译过程中以反密码子与 mRNA 的密码子识别匹配，以 3′端—OH 与氨基酸的 α-羧基形成酯键，起到运输氨基酸的作用。因此本题应选 B。

（二）多选题

1. 关于密码子的描述正确的是（　　）

A. 每一个密码子由三个碱基组成

B. 每一个密码子代表一种氨基酸或有其他意义

C. 每种氨基酸只有一个密码子

D. 密码子无种属差异

E. 有些密码子无任何氨基酸意义

【正确答案】ABDE　　　【易错答案】C

【答案分析】本题考查的是密码子的特点。密码子是三联核苷酸，有 64 种组合，标准氨基酸只有 20 种，因此有的氨基酸具有一个以上的密码子。所以 C 错误，本题应选 A、B、D、E。

2. 大肠杆菌翻译起始复合物包括下列哪些物质（　　）

A. 核糖体大亚基　　　B. 核糖体小亚基　　　C. IF 因子

D. fMet-tRNA^{fMet}　　　E. mRNA

【正确答案】ABDE　　　【易错答案】C

【答案分析】本题考查的是原核生物翻译的起始阶段。翻译起始复合物包括核糖体大、小亚基、mRNA 和 fMet-tRNA^{fMet}，IF 因子参与起始复合物的形成过程，但在形成复合物后脱落，因此本题应选 A、B、D、E。

3. 蛋白质多肽链合成后的加工修饰过程包括下列哪些（　　）

A. 亚基聚合　　　B. 氨基酸修饰　　　C. 蛋白质空间结构的折叠

D. 二硫键的形成　　　E. 辅基结合

【正确答案】ABCDE　　　【易错答案】D

【答案分析】本题考查的是翻译后加工修饰。包括两类：一级结构的加工修饰，主要包括 N 端甲酰甲硫氨酸或甲硫氨酸的切除，部分肽段的水解切除，个别氨基酸的化学修饰，连接脂链进行亲脂修饰；空间结构的加工修饰，多肽链的折叠、亚基聚和、辅基的连接。本题五项都是加工修饰的类型。

4. 下列物质中，蛋白质合成所需要的有哪些（　　）
A. rRNA   B. mRNA   C. tRNA
D. 肽酰转移酶   E. GTP
【正确答案】ABCDE   【易错答案】C
【答案分析】本题考查的是翻译体系。三种RNA，肽酰转移酶和GTP都需要，应全选。除此以外，还包括氨基酸、核糖体，氨酰tRNA合成酶、转位酶、起始因子IF、延长因子EF、终止释放因子RF。

5. 关于翻译的延长阶段，下列说法正确的是（　　）
A. 消耗GTP   B. 氨酰tRNA进入大亚基A位
C. 肽酰转移酶催化肽键的形成   D. 延伸因子参与进位、成肽、转位的全过程
E. 每延长一个氨基酸残疾消耗4个高能磷酸键
【正确答案】ABCE   【易错答案】D
【答案分析】本题考查的是本题考查的是翻译的延长阶段。肽链延长阶段主要是以核糖体循环来进行的，经过进位、成肽、转位三个步骤的循环延长一个氨基酸残基。延伸因子只参与进位，不参与成肽与转位，因此D项错误。进位和转位都以GTP功能，因此A正确；形成氨酰tRNA消耗ATP并水解下来PPi，消耗2个高能磷酸键，进位和转位各消耗1个GTP，共计4个高能磷酸键，因此E正确。本题应选A、B、C、E。

6. 下列氨基酸中没有遗传密码的有哪些（　　）
A. 鸟氨酸   B. 甲硫氨酸   C. 瓜氨酸   D. 谷氨酰胺   E. 羟赖氨酸
【正确答案】ACE   【易错答案】B、D
【答案分析】本题考查的是标准氨基酸和密码子。不构成天然蛋白质的氨基酸不是标准氨基酸，没有密码子。本题应选A、C、E。

7. 下列关于蛋白质生物合成的描述哪些是正确的（　　）
A. σ因子的识别序列与翻译起始的效率有关
B. 多肽链合成的方向是从N端→C端
C. 新合成的多肽链需加工修饰才具生理活性
D. 多肽链上氨基酸排列顺序取决于mRNA上的密码子
E. 多肽链合成信息的最原始模板是DNA
【正确答案】BCDE   【易错答案】A
【答案分析】本题是对蛋白质生物合成内容的综合考察。其中A项错误，因为σ因子参与转录不参与翻译，其他选项都正确，因此本题应选B、C、D、E。

8. 核糖体循环包括哪些步骤（　　　）

A. 转位　　　B. 转肽　　　C. 进位　　　D. 成肽　　　E. 氨基酸活化

【正确答案】ACD　　　　　　【易错答案】B、E

【答案分析】本题考查的是翻译的延长阶段。肽链延长阶段主要是以核糖体循环来进行的，经过进位、成肽、转位三个步骤的循环延长一个氨基酸残基。因此本题选 A、C、D。B 项转肽是指翻译终止时，肽酰基水解的步骤；E 项氨基酸活化不算做核糖体循环内的步骤，因此 B、E 两项错误。

9. 关于翻译的下列说法中正确的是（　　　）

A. mRNA 上特定的碱基序列决定了翻译的终止

B. 一种 tRNA 可以转运两种或更多的氨基酸

C. 密码子的第三个碱基较前两个具有较小的特异性

D. 每形成一个肽键需消耗 2 个高能磷酸键

E. 肽链合成后需经过加工修饰后才具有活性

【正确答案】ACDE　　　　　【易错答案】B

【答案分析】本题是对蛋白质生物合成内容的综合考察。其中 B 错误，因为一种氨基酸可能有多个密码子，而一个 tRNA 只能携带一种氨基酸。因此本题应选 A、C、D、E。

（三）名词解释

1. 翻译

【正确答案】细胞内以 mRNA 为模板，按照 mRNA 分子中由核苷酸组成的密码信息合成蛋白质的过程。

2. 遗传密码

【正确答案】在 mRNA 分子上，以每 3 个相邻的核苷酸为一组，代表一种氨基酸或其他信息，这种三联体形式的核苷酸序列称为遗传密码。

3. 核糖体循环

【正确答案】肽链的延长在核蛋白体上连续性循环进行的方式，每一次核蛋白体循环有三个步骤：进位、成肽、转肽，增加一个氨基酸。

4. 氨基酸活化

【正确答案】在氨基酰-tRNA 合成酶的催化下，氨基酸与 ATP 作用生成氨基酰-AMP 的过程。

5. 分子伴侣

【正确答案】细胞内一类可以识别肽链的非天然结构，促进各功能域和整体蛋白质正确折叠的保守蛋白质。

6. 信号肽

【正确答案】多数靶向运输到溶酶体、质膜或分泌到细胞外的蛋白质，其肽链的 N 末端有一段长度约为 13~36 个氨基酸残基组成的特异性信号序列，在靶向运输中起总要作用，称为信号肽。

（四）简答题

1. 遗传密码有哪些主要特性？

【正确答案】mRNA 上的遗传密码有 64 个，分别代表多肽链合成的起始、终止以及 20 种氨基酸，阅读方向是从 5′端到 3′端。连续性，各个密码连续阅读，密码间既无间断也无交叉；简并性，多数氨基酸都有 2~6 个密码编码，这些密码第一、第二位碱基相同，仅第三位碱基有差异；通用性，整套密码从原核生物到人类都通用；摆动性，tRNA 的反密码与密码间不严格遵守碱基配对规律，主要出现于反密码的第一位碱基与密码的第三位碱基之间的配对。

2. 简述蛋白质生物合成中各种 RNA 的作用。

【正确答案】mRNA 携带遗传信息，作为蛋白质合成的模板；tRNA 识别 mRNA 上的密码子序列，并运输氨基酸；rRNA 与一些蛋白构成核糖核蛋白体，作为蛋白质生物合成的场所。

3. 试述肽链的延伸步骤。

【正确答案】①进位：新的 aa-tRNA 进入 50s 大亚基 A 位；②肽键形成：在转肽酶作用下，P 位上的肽酰基提供 –COOH，A 位上的氨酰基提供 $–NH_2$，二者形成肽键；③移位：核糖体沿 mRNA 链从 5′→3′ 移动一个密码子的距离。

4. 试述蛋白质生物合成的终止过程。

【正确答案】蛋白质生物合成的终止过程概括为：①当翻译至 A 位出现 mRNA 的终止密码时，无 aa-tRNA 与之对应，RF-1 或 RF-2 能识别终止密码，进入 A 位。②RF-3 激活核蛋白体的转肽酶酯酶的水解活性，因而使 P 位上的肽与 tRNA 分离。③tRNA、mRNA 及 RF 均从核蛋白体上脱落，然后在 IF 作用下，核蛋白体分出大、小亚基。

5. 简述肽链合成后的加工方式。

【正确答案】①一级结构的修饰，包括二硫键形成，水解剪切某一肽段等；②侧链修饰，包括脯氨酸和赖氨酸的羟基化，联接糖链等辅基，丝氨酸和苏氨酸磷酸化，以及甲基化，乙酰化等；③空间结构的加工，如二硫键的形成等；④亚基聚合，如血红蛋白的形成。

第十三章　肝胆生物化学

◎ 重点 ◎

1. 生物转化作用
2. 胆汁酸代谢
3. 胆色素代谢
4. 血清胆红素与黄疸

◎ 难点 ◎

1. 胆色素代谢
2. 血清胆红素与黄疸

常见试题

（一）单选题

1. 肝脏进行生物转化时葡萄糖醛酸的活性供体是（　　）

　　A. UDPG　　　B. PAPS　　　C. CDPGA　　　D. UDPGA　　　E. GSH

【正确答案】D　　　　　　【易错答案】A

【答案分析】本题考查的知识点是生物转化作用的结合剂。生物转化作用的第二相反应即结合反应，主要的结合剂包括葡萄糖醛酸、硫酸根等。参与结合反应时，葡萄糖醛酸的活性形式是UDPGA，硫酸根的活性形式是PAPS。正确答案是D。

2. 血红素加氧酶的辅酶是（　　）

　　A. NADH　　　B. NADPH　　　C. FMN　　　D. FAD　　　E. Cyt

【正确答案】B　　　　　　【易错答案】A

【答案分析】本题考查的知识点是胆红素生成过程中催化代谢的酶。在胆红素生成过程中，催化代谢主要的酶是血红素加氧酶、胆绿素还原酶，这两个酶的辅酶都是NADPH。

3. 未结合胆红素的脂溶性特征，是由于其分子中（　　）

　　A. 不含有亲水基团　　　　B. 疏水基团暴露在外部　　　C. 亲水基团形成分子内氢键

　　D. 疏水基团封闭在分子内部　　E. 疏水基团与亲水基团交叉分布

【正确答案】C　　　　　　　　【易错答案】A

【答案分析】胆红素吡咯环上的丙酸基、羟基和亚氨基等亲水基团相互间易形成分子内氢键，从而使胆红素在空间上发生扭曲形成脊瓦状的刚性折叠结构，成为难溶于水而亲脂性强的物质。正确答案为C。

4.哪种物质代谢后不产生胆红素（　　）
　　A.细胞色素　　B.肌红蛋白　　C.血红蛋白　　D.珠蛋白　　E.过氧化物酶
【正确答案】D　　　　　　　　【易错答案】E

【答案分析】胆红素是胆色素的主要成分，是铁卟啉化合物在体内的主要分解代谢产物。正常人体每天产生250～300 mg胆红素，其中约80%来自衰老红细胞中血红蛋白的分解，其余部分来自肌红蛋白、细胞色素、过氧化氢酶及过氧化物酶等色素蛋白的分解。珠蛋白不属于铁卟啉化合物，无法代谢生成胆红素。

5.肝功能严重受损时，下列哪项Vit D代谢物形成障碍（　　）
　　A. 1,25-(OH)$_2$-D$_3$　　　　B. 25-(OH)$_2$-D$_2$　　　　C. 25-(OH)-D$_3$
　　D. 1,25-(OH)$_2$-D$_2$　　　　E. 1,24-(OH)$_2$-D$_3$
【正确答案】C　　　　　　　　【易错答案】A

【答案分析】Vit D在体内的活化形式是1,25-(OH)$_2$-D$_3$，这一形式的形成是首先在肝脏，25位碳上羟化生成25-(OH)-D$_3$，然后在肾脏，1位碳上羟化生成1,25-(OH)$_2$-D$_3$，肝功能严重受损时，25-(OH)-D$_3$代谢物形成障碍。

6.初级胆汁酸在肝脏中由何种原料合成（　　）
　　A.乙酰辅酶A　　B.乙酰乙酸　　C.甘氨酸　　D.胆固醇　　E.胆固醇酯
【正确答案】D　　　　　　　　【易错答案】E

【答案分析】初级胆汁酸包括胆酸、鹅脱氧胆酸及其相应的结合胆汁酸，是在肝细胞内以胆固醇为原料直接合成的。

7.与重氮试剂直接反应呈阳性的胆红素是（　　）
　　A.游离胆红素　　　　B.血胆红素　　　　C.胆红素－清蛋白复合体
　　D.结合胆红素　　　　E.未结合胆红素
【正确答案】D　　　　　　　　【易错答案】E

【答案分析】本题考查的知识点是胆红素的分类。正常人血清中胆红素主要以两种形式存在：来自单核吞噬细胞系统破坏衰老红细胞而释出的胆红素，在血浆中主要与清蛋白结合为胆红素－清蛋白的形式而运输，这类胆红素尚未进入肝细胞与葡萄糖醛酸结合，故称为未结合胆红素，占胆红素总量的80%。未结合胆红素因分子内部形成氢键，不易与重氮试剂反应，必须加入乙醇尿素破坏分子内氢键后才表现出明显的紫红色反应，故又称为间接胆红素或间接反应胆红素。在肝细胞滑面内质网与葡萄糖醛酸结合而形成的结合胆红素，占胆红素总量的20%。结合胆红素分子内无氢键，能直接与重氮试剂迅速反应呈现紫红色，故称为直接胆红素或直接反应胆红素。

8. 胆色素肠肝循环中的主要成分为（　　）
A. 尿胆素　　　B. 胆素原　　　C. 胆红素　　　D. 胆绿素　　　E. 粪胆素
【正确答案】B　　　　　　　　【易错答案】C
【答案分析】小肠下段生成的胆素原，约有10%～20%被肠重吸收，再经门静脉入肝，其中绝大部分又以原形由肝重新排入胆汁并下行至肠道，构成胆素原的肠肝循环。

9. 胆红素在血液中的运输形式是（　　）
A. 结合胆红素　　　　B. 胆红素-清蛋白复合体　　　C. 胆素原
D. 未结合胆红素　　　E. 游离胆红素
【正确答案】B　　　　　　　　【易错答案】A
【答案分析】来自单核吞噬细胞系统破坏衰老红细胞而释出的胆红素，在血浆中主要与清蛋白结合为胆红素-清蛋白的形式而运输，故正确答案是B。A选项的结合胆红素是在肝脏完成生物转化的结合反应后胆红素主要与葡萄糖醛酸生成的胆红素葡萄糖醛酸酯。

10. 完全性阻塞性黄疸时，正确的是（　　）
A. 尿胆原（-），尿胆红素（-）　　　B. 尿胆原（+），尿胆红素（-）
C. 尿胆原（-），尿胆红素（+）　　　D. 尿胆原（+），尿胆红素（+）
E. 粪胆素（+）
【正确答案】C　　　　　　　　【易错答案】D
【答案分析】阻塞性黄疸，也称肝后性黄疸，由于胆管炎症、肿瘤、结石或先天性胆管闭锁等造成胆管系统阻塞引起胆汁排泄受阻，使小管和毛细胆管内压不断增高，结果肝小管扩张，通透性增强，甚至胆小管破裂，胆汁返流入血，造成血清结合胆红素升高。尿中出现大量胆红素，尿色变深；由于胆道阻塞，结合胆红素不能排出肠道，致使肠内无或很少有胆素原生成，故尿中无或很少含胆素原。故正确答案是C。

11. 属生物转化第二相反应的是（　　）
A. 苯丙氨酸转化成酪氨酸　　　B. 醛变为酸　　　C. 乙酰水杨酸转化为水杨酸
D. 硝基苯转变为苯胺　　　E. 游离胆红素转变成结合胆红素
【正确答案】E　　　　　　　　【易错答案】A
【答案分析】本题考查的知识点是生物转化作用的反应类型。生物转化的化学反应，可归纳为两相反应，即第一相反应和第二相反应。第一相反应包括氧化、还原和水解反应，第二相反应为结合反应。备选项中只有E选项属于结合反应，即生物转化的第二相反应。

12. 将胆红素从肝细胞胞质运至滑面内质网，主要由下列哪种蛋白运载（　　）
A. 清蛋白　　B. Y蛋白　　C. Z蛋白　　D. α蛋白　　E. β蛋白
【正确答案】B　　　　　　　　【易错答案】C
【答案分析】本题考查的知识点是肝细胞对胆红素的摄取。胆红素由清蛋白运输至肝，先与清蛋白分离，然后迅速被肝细胞摄取，血液通过肝一次，就约有 40% 的胆红素被肝摄取。胆红素进入肝细胞后，即与胞质中的 Y 或 Z 蛋白结合形成胆红素 -Y 蛋白或胆红素 -Z 蛋白复合物，既增加了它的水溶性，又利于复合体运输至滑面内质网上进一步结合转化。Y 蛋白对胆红素的亲和力高于 Z 蛋白，因此胆红素优先与 Y 蛋白结合，所以主要的运载蛋白应该是 Y 蛋白，正确答案是 B。

（二）多选题

1. 下述哪些物质是胆红素的来源（　　）
   A. 肌红蛋白　　　B. 血红蛋白　　　C. 铁硫蛋白　　　D. 过氧化氢酶　　　E. 珠蛋白
   【正确答案】ABD　　　　　　【易错答案】C

【答案分析】胆红素是胆色素的主要成分，是铁卟啉化合物在体内的主要分解代谢产物。正常人体每天产生 250～300 mg 胆红素，其中约 80% 来自衰老红细胞中血红蛋白的分解，其余部分来自肌红蛋白、细胞色素、过氧化氢酶及过氧化物酶等色素蛋白的分解。故正确答案是 A、B、D。

2. 阻塞性黄疸患者的血和尿中胆红素的改变为（　　）
   A. 尿胆红素升高　　　B. 血未结合胆红素升高　　　C. 血总胆红素升高
   D. 尿胆素原升高　　　E. 尿胆素升高
   【正确答案】AC　　　　　　【易错答案】B、D

【答案分析】阻塞性黄疸，也称肝后性黄疸，由于胆管炎症、肿瘤、结石或先天性胆管闭锁等造成胆管系统阻塞引起胆汁排泄受阻，使小管和毛细胆管内压不断增高，结果肝小管扩张，通透性增强，甚至胆小管破裂，胆汁返流入血，造成血清结合胆红素升高，选出选项 C。尿中出现大量胆红素，尿色变深，选出选项 A。由于胆道阻塞，结合胆红素不能排出肠道，致使肠内无或很少有胆素原生成，故尿中无或很少含胆素原，亦无或很少含胆素，故 B、D 不是正确答案。

3. 溶血性黄疸时出现（　　）
   A. 血中未结合胆红素不变　　　B. 粪便颜色加深　　　C. 尿中尿胆素原增加
   D. 血中结合胆红素不变　　　E. 尿中出现胆红素
   【正确答案】BCD　　　　　　【易错答案】E

【答案分析】溶血性黄疸，也称肝前性黄疸，某些疾病（如恶性疟疾、过敏等）、药物或输血不当引起大量溶血，使血中未结合胆红素生成过多，超过肝细胞的摄取能力，从而导致未结合胆红素在血中蓄积，临床上出现黄疸。其特点是：血中未结合胆红素增多，重氮反应试验为间接反应阳性；尿中无胆红素；胆汁中结合胆红素和粪便中尿胆素原增多，粪便颜色加深；血和尿液中尿胆素原增加；伴有其他特征如贫血、骨髓增生、末梢血液网织红细胞增多、脾肿大等。

4. 未结合胆红素的特点（   ）

A. 重氮试验直接阳性　　　　　　　B. 重氮试验间接阳性

C. 分子量小，易在尿中出现　　　　D. 是与血浆清蛋白结合的胆红素

E. 脂溶性大，容易通过细胞膜

【正确答案】BDE　　　　　　【易错答案】A、C

【答案分析】正常人血清中胆红素主要以两种形式存在，未结合胆红素和结合胆红素。来自单核吞噬细胞系统破坏衰老红细胞而释出的胆红素，在血浆中主要与清蛋白结合为胆红素-清蛋白的形式而运输，这类胆红素尚未进入肝细胞与葡萄糖醛酸结合，故称为未结合胆红素，占胆红素总量的80%。未结合胆红素因分子内部形成氢键，不易与重氮试剂反应，必须加入乙醇尿素破坏分子内氢键后才表现出明显的紫红色反应，故又称为间接胆红素或间接反应胆红素。未结合胆红素是脂溶性物质，极易透过细胞膜对细胞造成危害，尤其是对富含脂质的神经细胞，使神经的功能紊乱。

5. 结合胆红素的特点是（   ）

A. 是与葡萄糖醛酸结合的胆红素　　B. 重氮试验直接阳性

C. 脂溶性大，不能透过细胞膜　　　D. 不能进入脑组织产生毒性

E. 分子量大、不在尿中出现

【正确答案】ABD　　　　　　【易错答案】C、E

【答案分析】正常人血清中胆红素主要以两种形式存在，未结合胆红素和结合胆红素。在肝细胞滑面内质网与葡萄糖醛酸结合而形成的结合胆红素，占胆红素总量的20%。结合胆红素分子内无氢键，能直接与重氮试剂迅速反应呈现紫红色，故称为直接胆红素或直接反应胆红素。结合胆红素极性高，不易透过生物膜，消除了其对细胞的毒性作用。

6. 肝细胞性黄疸时出现（   ）

A. 血中未结合胆红素不变　　B. 粪便颜色变浅　　　　　C. 尿中尿胆素原增加

D. 血中结合胆红素升高　　　E. 尿中出现胆红素

【正确答案】BCDE　　　　　【易错答案】A

【答案分析】肝细胞性黄疸也称肝源性黄疸，由于肝细胞受损后变性或坏死，使肝细胞一方面由于摄取和结合未结合胆红素的能力减弱，不能将未结合胆红素转化为结合胆红素，造成血清未结合胆红素含量增加，选项A排除。另一方面已生成的结合胆红素，由于肝细胞的肿胀，受压毛细胆管或毛细胆管与肝血窦直接相通，使部分结合胆红素不能顺利地排入胆汁而返流入血，致使血清结合胆红素含量增加，选出选项D。尿胆红素阳性，选出选项E；尿胆素原增高，选出选项C；粪便中胆素原含量正常或减少，故粪便颜色变浅，选出选项B。

7. 结合型初级胆汁酸是（   ）

A. 甘氨石胆酸　　　　B. 甘氨鹅脱氧胆酸　　　　C. 甘氨脱氧胆酸

D. 甘氨胆酸　　　　　E. 牛磺胆酸

【正确答案】BDE 　　　　　　　　　【易错答案】A、C

【答案分析】胆汁中的胆汁酸主要有胆酸、鹅脱氧胆酸、脱氧胆酸和石胆酸四类。其中胆酸和鹅脱氧胆酸及其相应的结合型胆汁酸是在肝细胞内以胆固醇为原料直接合成，称为初级胆汁酸。脱氧胆酸和石胆酸是以初级胆汁酸为原料，在肠菌作用下转变生成的，它们及其相应的结合型胆汁酸称为次级胆汁酸。故正确答案是 B、D、E。

8. 下列属于次级胆汁酸的有（　　　）
　　A.7-脱氧胆酸　　　　　　B. 牛磺胆酸　　　　　　　C. 石胆酸
　　D. 鹅脱氧胆酸　　　　　　E. 甘氨脱氧胆酸

【正确答案】ACE 　　　　　　　　　【易错答案】B、D

【答案分析】胆汁中的胆汁酸主要有胆酸、鹅脱氧胆酸、脱氧胆酸和石胆酸四类。其中胆酸和鹅脱氧胆酸及其相应的结合型胆汁酸是在肝细胞内以胆固醇为原料直接合成，称为初级胆汁酸。脱氧胆酸和石胆酸是以初级胆汁酸为原料，在肠菌作用下转变生成的，它们及其相应的结合型胆汁酸称为次级胆汁酸。故正确答案是 A、C、E。

9. 第二相生物转化反应中常见结合剂的活性供体是（　　　）
　　A. UDPG　　B. PAPS　　C. UDPGA　　D. SAM　　E. GSH

【正确答案】BCDE 　　　　　　　　【易错答案】A

【答案分析】本题考查的知识点是生物转化作用的第二相反应。生物转化作用的第二相反应是结合反应，常见的结合反应有：葡萄糖醛酸结合反应，其活性供体是UDPGA，如胆红素与葡萄糖醛酸的结合；硫酸结合反应，其活性供体是PAPS，如雌酮的灭活；甲基化反应，其活性供体是SAM，如体内胺类生物活性物质和药物的灭活；谷胱甘肽结合反应，其活性供体即GSH，如谷胱甘肽与卤代化合物、环氧化合物的结合；酰基化反应，其活性供体是乙酰辅酶A，如磺胺类药物的灭活；甘氨酸结合反应，其活性供体是甘氨酸，如甘氨酸与含羧基的外来化合物的结合。

10. 狗切除肝后，在未死亡前，可观察到哪些物质代谢指标会有重大变化（　　　）
　　A. 血氨增高　　　　　　B. 血清游离胆红素增高　　　　　C. 血酮体增高
　　D. 血浆蛋白质降低　　　E. 血尿素升高

【正确答案】ABD 　　　　　　　　　【易错答案】C、E

【答案分析】本题考查的知识点是肝脏的物质代谢的中枢地位。在肝脏完成鸟氨酸循环合成尿素随尿排出是血氨最主要的代谢去路，肝脏切除，无法代谢掉血液中的氨，从而血氨增高，选出A选项。肝脏切除后，无法完成对血中胆红素的处理，致使血中游离胆红素含量升高，选出选项B。肝脏是酮体合成的场所，肝脏切除，无法合成酮体，血酮体含量降低，故排除C选项。肝脏是合成蛋白质的重要器官，肝脏切除，无法合成蛋白质，血浆蛋白质含量降低，选出选项D。肝脏是合成尿素的场所，肝脏切除，机体无法合成尿素，血尿素含量降低，排除选项E。故正确答案是A、B、D。

(三) 名词解释

1. 生物转化作用

【正确答案】机体对许多内源性、外源性非营养物质进行代谢转化，改变其极性，使其易随胆汁和尿液排出的过程称为生物转化，生物转化主要在肝脏进行，少量在肠黏膜、肺、肾等组织进行。

2. 胆色素的肠肝循环

【正确答案】小肠下段生成的胆素原，约有10%～20%被肠重吸收，再经门静脉入肝，其中绝大部分又以原形由肝重新排入胆汁并下行至肠道。称为胆色素的肠肝循环。

3. 胆汁酸的肠肝循环

【正确答案】肠道重吸收的胆汁酸经门静脉重新回到肝脏，肝细胞能将游离胆汁酸再合成结合型，并把重吸收和新合成的一起排入肠道的过程。胆汁酸的肠肝循环可以将有限的胆汁酸重复利用，满足小肠对脂类消化吸收的需要。

4. 结合胆红素

【正确答案】未结合胆红素在肝细胞内经生物转化作用后，与葡萄糖醛酸，甘氨酸和硫酸等的结合物。其中胆红素葡萄糖醛酸双酯是最主要的结合胆红素。结合胆红素的水溶性增大，易于随胆汁和尿液排出，对细胞的毒性减少，与重氮试剂反应呈直接阳性。

5. 黄疸

【正确答案】血清中胆红素的浓度（总量）超过17.1μmol/L，皮肤，巩膜出现黄染，称为黄疸。

6. 未结合胆红素

【正确答案】以血红素为原料，在肝、脾等器官的网状内皮系统中合成的胆红素，未经过肝脏的生物转化作用，水溶性小，在血液中以胆红素－清蛋白复合体的形式运输，容易透过细胞膜对细胞造成毒害，与重氮试剂反应呈间接阳性。

7. 初级胆汁酸

【正确答案】在肝细胞内以胆固醇为原料合成的胆汁酸，其主要成分是胆酸及鹅脱氧胆酸及其与甘氨酸或牛磺酸的结合物。其主要生理功能是促进脂类的消化吸收。

8. 次级胆汁酸：

【正确答案】以初级胆汁酸为原料，在肠道细菌的作用下，转变生成的脱氧胆酸和石胆酸及其相应的结合型胆汁酸称为次级胆汁酸。

(四) 简答题

1. 何谓黄疸？根据血清胆红素的来源可将黄疸分为哪三类，其各自的病因是什么？

【正确答案】血清中胆红素的浓度（总量）超过17.1μmol/L，皮肤，巩膜出现黄染，称为黄疸。根据血清胆红素的来源，可将黄疸分为溶血性黄疸、肝细胞性黄疸和阻塞性黄疸三类。①溶血性黄疸是由于红细胞在单核吞噬细胞系统破坏过多，超过肝细胞的摄取、转化和排泄能力，造成血清中游离胆红素浓度过高而出现的黄疸。②肝细胞性黄疸是由于肝细胞被破坏，其摄取、转化和排泄胆红素的能力降低所致的黄疸，血清结合胆红素及未结合胆红素均升高。③阻塞性黄疸是由各种原因引起的胆汁排泄通道受阻，使胆小管和毛细胆管内压力增大破裂，致使结合胆红素逆流入血，造成血清胆红素升高所致的黄疸。

2. 什么是生物转化作用？生物转化的化学反应有哪些类型，可作为结合剂的物质主要有哪些？

【正确答案】机体对许多内源性、外源性非营养物质进行代谢转化，改变其极性，使其易随胆汁和尿液排出的过程称为生物转化，生物转化主要在肝脏进行，少量在肠黏膜、肺、肾等组织进行。

反应类型包括：①第一相反应：氧化，还原和水解反应；②第二相反应：结合反应。

可作为结合剂的物质主要包括：葡萄糖醛酸、硫酸、乙酰基、甲基、谷胱甘肽、氨基酸等。

3. 简述胆固醇与胆汁酸之间的代谢关系。

【正确答案】①胆汁酸是由胆固醇在肝细胞内分解生成。②胆汁酸的合成受肠道向肝内胆固醇转运量的调节：胆固醇在抑制 HMG-CoA 还原酶，从而降低体内胆固醇合成的同时，增加胆固醇 7α-羟化酶基因的表达，从而使胆汁酸的合成量亦增多。③胆固醇的消化、吸收、排泄均受胆汁酸盐的影响。